現場がわかる！
電気工事入門

電気と工事編集部 編

―電太と学ぶ
初歩の初歩―

Ohmsha

本書を発行するにあたって，内容に誤りのないようできる限りの注意を払いましたが，本書の内容を適用した結果生じたこと，また，適用できなかった結果について，著者，出版社とも一切の責任を負いませんのでご了承ください．

本書は，「著作権法」によって，著作権等の権利が保護されている著作物です．本書の複製権・翻訳権・上映権・譲渡権・公衆送信権（送信可能化権を含む）は著作権者が保有しています．本書の全部または一部につき，無断で転載，複写複製，電子的装置への入力等をされると，著作権等の権利侵害となる場合があります．また，代行業者等の第三者によるスキャンやデジタル化は，たとえ個人や家庭内での利用であっても著作権法上認められておりませんので，ご注意ください．

本書の無断複写は，著作権法上の制限事項を除き，禁じられています．本書の複写複製を希望される場合は，そのつど事前に下記へ連絡して許諾を得てください．

(社)出版者著作権管理機構
(電話 03-3513-6969, FAX 03-3513-6979, e-mail: info@jcopy.or.jp)

JCOPY <(社)出版者著作権管理機構 委託出版物>

目次

電気工事の仕事を知ろう！

- ❶ 電気工事ってナンダ？ ………………………………………… 6
- ❷ 工具・材料を覚えよう！ ……………………………………… 9
- ■ コラム① 腰道具の中の七つ道具 ……………………………… 12
- ❸ 整理・整頓は現場の基本 ……………………………………… 15
- ❹ 施工図と現場を見比べてみよう ……………………………… 18
- ❺ もう複線化なんてしなくていい！〜配線図の現場風読み方〜 … 21
- ❻ 刃物のキレにご用心・・・〜安全な電工ナイフの使い方〜 …… 24
- ❼ 仕事の中の優先順位 …………………………………………… 27
- ❽ 早く作業を行うためのコツ …………………………………… 30

こんなことまでやってる電気工事

- ❾ 穴掘りだって電気工事 ………………………………………… 34
- ❿ 鉄筋に囲まれて配管・配管・・・（建込配管） ……………… 37
- ⓫ 鉄筋の上で配管・配管・・・（スラブ配管） ………………… 40
- ⓬ コンクリ打のお手伝い（コンクリ番） ……………………… 43
- ⓭ セーノ！ソーレ！通線は掛け声と共に（CD管通線） ……… 46
- ⓮ 重たい幹線，みんなで上げるぞ（幹線工事） ……………… 49
- ⓯ ゆるまず，きれいにテープ巻き（テーピング） …………… 52
- ⓰ コツコツ削ってはつり作業 …………………………………… 55
- ⓱ 地球につなぐぞ接地工事！ …………………………………… 58
- ⓲ 正確に出そう！墨出し（その１） …………………………… 61
- ⓳ 正確に出そう！墨出し（その２） …………………………… 64
- ■ コラム② 電気工事士一日現場密着 …………………………… 67

完成に向けての仕上げ工事

- ⓴ 実戦！屋内配線作業 …………………………………………… 72
- ㉑ 配電盤を取り付けよう ………………………………………… 75
- ㉒ 課長の電工修行時代 …………………………………………… 78
- ㉓ ビスに打たれるな！間仕切り配線作業 ……………………… 81
- ㉔ 共用照明器具はまっすぐに …………………………………… 84
- ㉕ スイッチボックスの穴をきれいに開けよう ………………… 87
- ㉖ ボードの粉が目にしみる・・・天井開口の注意点 ………… 90
- ㉗ やっと電工らしい作業？配線器具の取り付け ……………… 93
- ㉘ あわや天井崩壊⁉ 電気器具取付け …………………………… 96
- ㉙ 絶対見つける！トラブルシューティング（前編） ………… 100
- ㉚ 絶対見つける！トラブルシューティング（後編） ………… 103

電気工事，腕の見せ所！

- ㉛ 曲げたり戻したり，金属管配管（前編） …………………… 106
- ㉜ 曲げたり戻したり，金属管配管（後編） …………………… 109
- ㉝ 炎の魔術師？合成樹脂管(塩ビ管・VE管)配管 ……………… 111
- ■ コラム③ 電気工事の競技大会を見てみよう！ ……………… 114
- ㉞ 大地の抵抗，接地抵抗を測定しよう ………………………… 116
- ㉟ 漏らすな電気！絶縁抵抗測定 ………………………………… 119
- ㊱ あかりちゃん登場！資格って何でいるの …………………… 122
- ■ コラム④ 電気工事に関連する資格 …………………………… 125

イラスト：川崎ショーエイ（TINAMI）

登場人物

田代電太
新人電工．工業高校卒業後，中規模の電気工事会社，富士野電設に就職，学生時代に取得した資格を使い，仕事を覚える真っ最中．

品川課長
10年選手の女性電気工事士．他業種から転職してきたが，現場の仕事が思いのほか楽しいと思っている．姉御肌で面倒見が良い．

山本部長
ベテラン電工．施工管理の業務をしている．冷静沈着で，入社当時の電太を指導した．

久保田主任
電太たちを指導してきたベテラン電工．無口で怖そうだが実は新人にきちんと指導してくれるいぶし銀タイプ．

中川由雄
IT業界から転職した新人電工．資格は持っていたが現場の迫力に最初は圧倒される．

電気工事の仕事を知ろう！

1 …… 大きな事故

29 …… 小さな事故

300 …… ヒヤリ、ハット

電気工事の仕事を知ろう！

① 電気工事ってナンダ？

学生時代に取った電気工事士の資格を生かして，電気工事会社に就職した田代電太くん．卒業時には「だれもが一目置く"カリスマ電気工事士"になる」と宣言してたけれど，周りのベテラン電工さんに圧倒されっぱなしで少々自信喪失気味．入社当初の"やる気"は復活するのかな…．

部長：もう職場の雰囲気には慣れたかい？

電太：ええ，だいぶ慣れたというか，でも分からないことだらけで…

部長：分からないところがあればなんでも聞いて．

電太：いや…その，何を聞いたらよいかすら分からなくて…

部長：ハハハ…，そうだろうね．私も最初はそうだったよ．

電太：資格を取ったら電気工事ができると考えていたのが甘かったです．

部長：実際にはそうだね．君は第二種電気工事士と認定電気工事従事者の資格を持っているんだっけ？

電太：はい．

部長：確かにそれだけで工事ができると考えるのは無理があるね．

電太：実感としてそう思います…．

部長：資格はあくまで条件に過ぎないからね．徐々にいろいろなことを覚えていけばいいよ．

電太：まだ皆さんが何を言っているかさえわからなくて…．

部長：最初はだれでも不安なものだよ．でも工事を覚えるコツというものがあるんだよ．

電太：コツですか．

❶ 電気工事ってナンダ？

部長：そう，工事の目的をはっきりさせていれば，なぜこういったことをするのか，ということが分かりやすくなる．たとえば，そうだな…すごく初歩的な質問だけれど，電気工事をなぜ行うのだろう？

電太：？？？…電気を使うため…ですよね？

部長：そうだね．だが，それだけではない．まず電気を使う人が安全に使用できるという条件がある．そのために資格制度もある．つまり安全に施工できると国が認めた人だけが工事ができるんだ．電気は感電の危険，漏電の危険，電路に接続不良など大きな抵抗があると火災を起こす危険などがある．これらを防ぐための多くの工法やアイデアがたくさんある．電線の絶縁被覆や絶縁物に傷がつかないための工夫，接続点で抵抗を増さないためにどうするか，接地工事やブレーカー，漏電遮断器の設置などいろいろあるだろう．このことを意識しながら覚えていくのと，何も考えずにやみくもに工事を覚えようとするのとではだいぶ違う．

電太：試験でもいろいろと勉強しましたけど，実際に意識してなかったです．

部長：それと同時に電気以外の条件，建物の機能や概観との調和が大切になる．電路だけが目立ってしまう工事はあまり良いものといえない．君も見たことがあると思うが，露出配線だらけの建物やモール配線だらけの事務所は工事は簡単であるだろうが，あまり美しくないだろう．建物なら建物の外観や機能を損なわないで，電気の供給源から必要なところにまで電路をつなぐことが重要になる．もちろん先ほど言った「安全」は絶対条件であるけれど，また照明など器具の施工も設計の意図を汲み取り，その機能がもっとも効果的になるようにしなければならない．

電太：工事後の美しさってことでしょうか．

部長：それも一つの重要な要素だね．

電太：ほかには何かありますか．

部長：最終的に電気を送ることが目的ではなく，その電気を使う人がいるということを忘れてはいけない．スイッチを使う人が小さな子供なら，その背の高さだって意識しなければならないんだ．体の不自由な人が多い場所の照明やスイッチの高さなども気を配るだろう．また畳に座ることが多い和室と，立ったり椅子に座ったりすることが多い洋間ではコンセントの高さを変えることもある．安全も美観も最終的に電気を使う人がいるということを考えてみれば当然のことだろう．さらに一歩進める

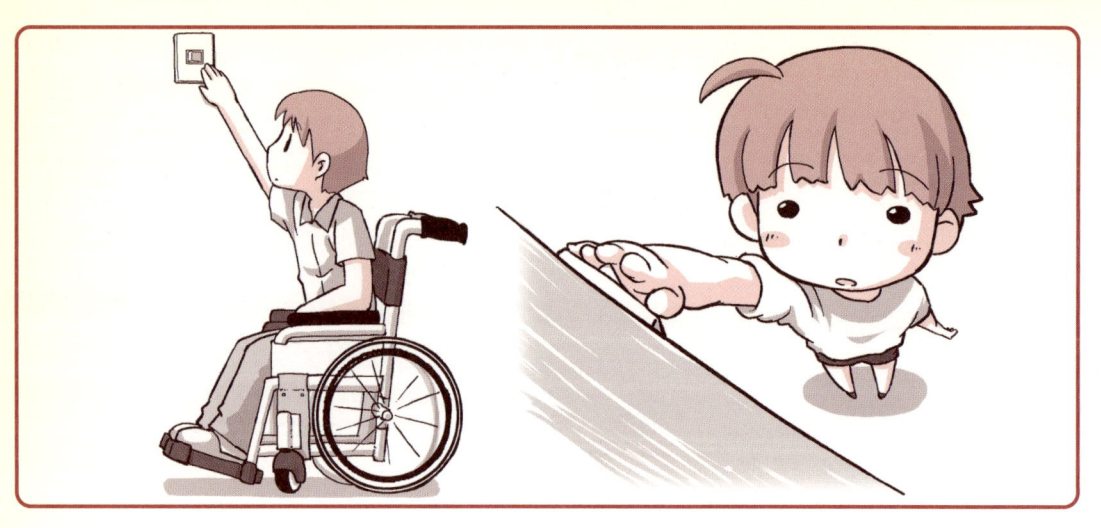

電気工事の仕事を知ろう！

なら，それら使う人たちがより使いやすく，また直接使わない設備や，使わないときには存在を意識させない，そのような工夫が求められる．電路を隠ぺいしたり壁や天井に器具を埋め込むのはまさにそういった工夫だよ．そのためには，建物の材料や工法などいろいろと知らないといけない．

電太：なるほど．

部長：もう一つ考えなければならないのは自分たちのこと．つまりこのような施工を行うことによってお金をもらっているということ．短い時間で効率良く電気工事を行わなければ利益を生み出すことは難しい．それは君の給料にも直結する話だしね．だから電気工事をわれわれプロが行うということ は自分たちの利潤を得るため，電気を使用する利用者に安全に，また美しく，使いやすく，効率良く施工するということになるだろうね．

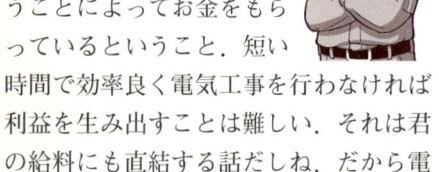

利益　　安全
使用者の利便
　　施工の美しさ

電太：そういったことを意識して，電気工事を覚えていく必要があるんですね．

1 のポイント

① 仕事を覚えるときは目的を意識する．
② 安全や建物としての調和，美観を考えよう．
③ 施工後に電気を使う人がいることを忘れない．
④ 利益を生み出すという意識も必要．

② 工具・材料を覚えよう！

配電盤の取付け作業で忙しい現場．電太は久保田主任の作業を電工見習いとして手伝っている．

主任：おーい．オールアンカーを取ってくれ．

電太：は，はい・・・（オールアンカーって何だ？？？聞こうにも忙しそうだし，主任は見るからにおっかなそうだし・・・．でもとりあえず工具箱の中から見当でもつけるか・・・）．

しばらくして・・・

主任：おーい！電太！オールアンカーまだなのか？

電太：すみません，探したんですが見つからなくって・・・

主任：お前はいったい，どこに目つけてんだ！目の前にあるじゃないか！

電太：あ，これがオールアンカーなんですか？

主任：（あきれ顔で）何かも知らないで探してたのか！

休み時間，落ち込んでいる電太を見て山本部長が声をかける．

部長：どうした元気なさそうだが，何かあったのか？

電太：いや・・・，あのまだ材料が覚えられなくて，工事の足を引っ張ってるみたいで・・・

部長：そうか，最近主任はすごく忙しいしな．何かモノを取ってきてくれとか頼まれて戸惑ったんだろう．

電太：（びっくりして）なんでわかるんですか？

部長：初めて現場に入る人が一番最初に戸惑うことだよ．聞くに聞きづらいし，かと言って持っていかなければならないしね．でも問題の材料はもう覚えたかい．

電太：あ，はい．オールアンカーですね．コンクリに穴を開けて，そこに入れてピンをハンマーで打って,器具とか止めるためのものです．

部長：ちゃんと覚えられたじゃないか．

電気工事の仕事を知ろう！

電太：あ，確かに．

部長：電気工事は材料が多いからね．現場にいると最初戸惑うことが多いけれど，いやでも覚えてくるよ．

電太：ほんとうですか．

部長：また現場ではみんな忙しそうにしているから聞きづらいのはわかるが，指示されてもわからないことは必ず聞くこと．相手の指示を再度繰り返し，確認して，不明な点をはっきりさせないと，こちらも困るだろうし，相手も指示が十分に伝わったかわからない．もちろん電太だけの問題ではなくて，指示する側も必ずわかっているかどうか本当ならば確認しなければならないんだよ．

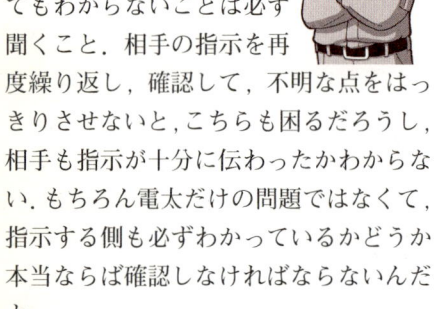

電太：自分も何も聞かないで，わからない物を探していたのはまずかったと思います．

部長：もちろん覚えてくれば聞かなくてもよいことが増えてきて，その分主任が楽になる．そして自分自身も仕事がわかれば楽しくなる．だからわからない材料があって，それを聞くことは邪魔をしているのではなく，必要なことなんだよ．それと，ただ聞くだけじゃなくて，自分から覚えようとすることも大切だよ．

電太：はい．でも，どうしたら早く工具や材料を覚えられるか教えてもらえますか．

部長：工具や材料を覚えるためにはいくつか方法がある．たとえばオールアンカーだったら，それとハンマー機能つきの電気ドリルとアンカーの大きさにあったキリ（ドリルの刃）と，そしてピンを打つセットハンマーなど一緒に覚える．キリだって金属用じゃダメだぞ．そうすれば，オールアンカーを使うとき，一緒に準備できるし，先を読んで作業する癖や段取りまで気を回すことができるんだ．つまり材料と工具をセットで覚えてしまう．

電太：なるほど．確かにその後，主任はドリルを使っていましたし，セットハンマーでピンをたたいていました．

部長：現場にいないときも事務所でカタログをめくったり，車載工具・材料の準備や倉庫整理のときにも，いろいろ先輩に聞いてみるといいよ．いろいろわかると倉庫に材料の在庫があるのに注文してしまうような無駄も避けられるしね．

❷工具・材料を覚えよう！

久保田主任がやってくる．

主任：あれ，部長も来てたんですか．

部長：ちょっと見に来たんだけれど，田代君，材料を覚えるのに苦労してたようだ．オールアンカーは覚えたそうだよ．

主任：ああ，さっきの知らなかったんだな．忙しくて教えるの忘れてたよ．忙しそうにしていると聞きにくいだろうが，作業を止めてもいいから遠慮なく聞いてくれ．それと工事方法と一緒に覚えるといいな．

電太：さっき部長に工具と一緒に覚えるといいって聞きました．

主任：そうだな．それと実際に工事すると覚えるから，午後はちょっとオールアンカーを使った配電盤の設置施工でも手伝ってもらおうか．

❷のポイント

① わからないことはそのままにしない．すぐに聞く．
② 材料・工具・工事方法とセットにすると覚えやすい．
③ 現場以外の業務で見る物も意識的に覚える．

コラム①

腰道具の中の七つ道具

電気工事士のトレードマーク「腰道具」は，必要な道具を腰の回りに下げておくためのものです．その重量は結構あり，場合によっては 6〜7 kg になることもあります．

いったいどういった工具が入っているのか，少し見てみましょう．

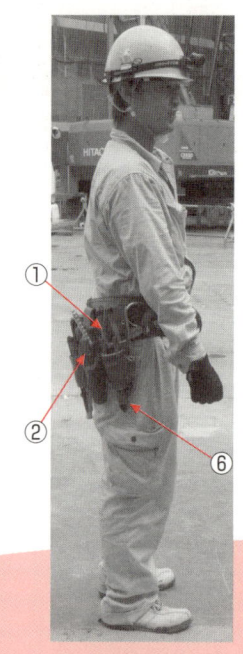

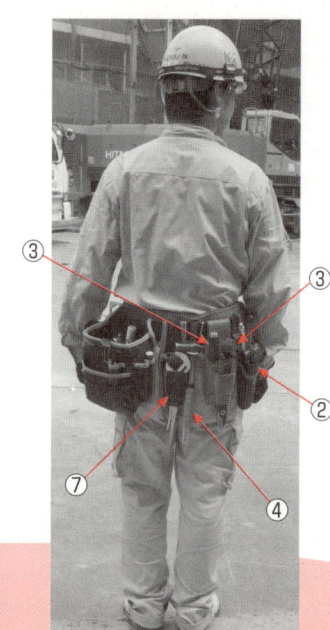

腰道具を付けた電気工事士のスタイル

安全帯
腰袋

腰道具は
電気工事の
トレードマーク

①ペンチ

電線やケーブルの切断に必須のペンチ．取り出しやすい場所に入れています．

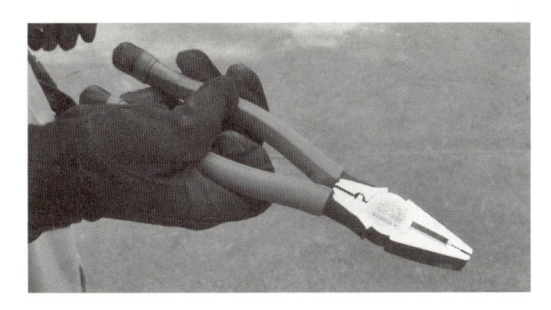

②電工ナイフ

電線の被覆剥き（ひふくむき）などに使われます．安全のため先端がとがっていません．

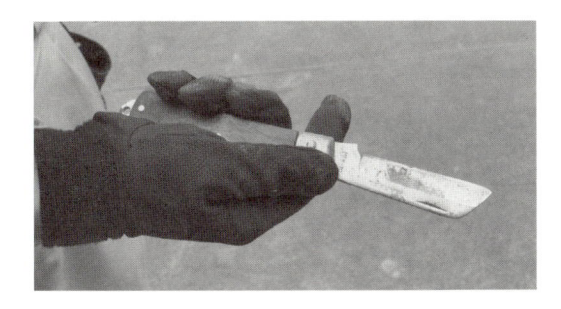

③プラスドライバ，マイナスドライバ

電気設備の取付け作業などに使用します．

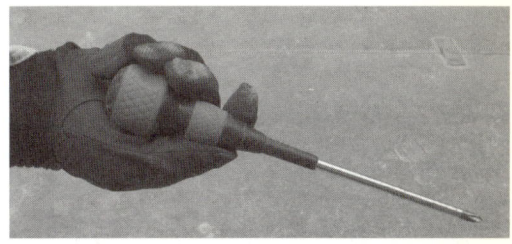

プラスドライバ

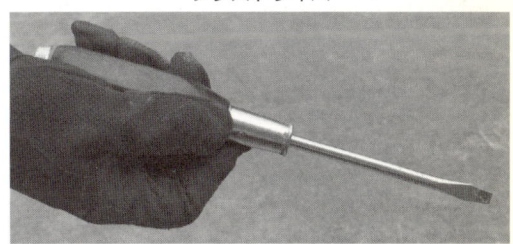

マイナスドライバ

④ハンマー

釘やステップル（ケーブルを止めるコの字形の釘）などを打つのに使います．

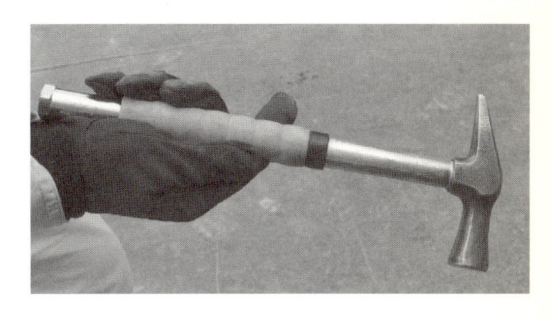

⑤メジャー

寸法を出したり，墨出ししたり，正確な位置を出すために必須の工具です．

電線を切るのに使うよ！

ペンチ

⑥ニッパ

　先端がとがっているため，狭い場所で細かいものを切断するとき威力を発揮します．

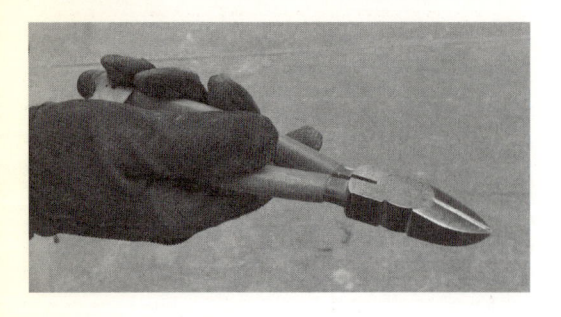

⑦プライヤ（ウォーターポンププライヤ）

　形がカラスの頭に似ているため，"カラス"と呼ばれることもあります．金属管などの加工に重宝します．

　これらの道具のほかにも，作業に必要な工具を腰道具に入れています．

その他

電線の皮をむく「ワイヤストリッパ」

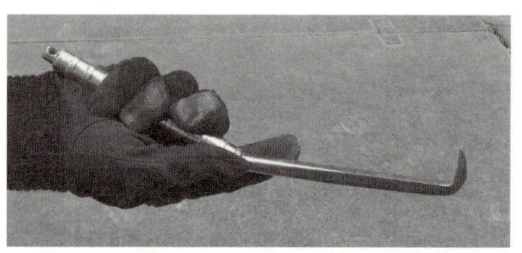

鉄筋屋さんの使う「ハッカー」という工具も使う

ハッカーは鉄筋での作業に使います

③ 整理・整頓は現場の基本

大工：電気屋さん！チョット，こんなにお店広げられたら仕事になんないよ．

電太：す，すいません・・・

大工：あと，これオタクのモノじゃない．向こうに忘れてあったよ．ハンマー．なくしたらたいへんなんじゃないの．

電太：(真っ赤になって) す，すいません・・・

電太：(主任と目が合う) ・・・
休憩中

主任：そろそろ言わなけりゃあと思ってたら，大工さんに言われちゃったな．

電太：すいません．

主任：まあ，恥かいたほうが良いこともある．言ってくれた大工さんには感謝しないとな．あの大工さんはよく現場が一緒になるから，いろいろと良くしてもらってるんだ．

電太：そんなにしてもらってるのに申し訳ないです．

主任：そんな卑屈になることはない，若いのに一生懸命やってるって感心してたんだから．監督も含めてちゃんと見てるんだぞ．もっと胸を張って仕事をしていいんだ．

電太：(頭をかきながら) そうっすか・・・

電気工事の仕事を知ろう！

主任：今日みたいにいろいろな仕事が入ると使う工具や材料がいろいろ多くなる．通線があったり，ボックスの取り付けがあったり，配線があったりと，いろいろ煩雑だからな．そういったときこそ，きちっと整理・整頓しながら仕事を進めなければならない．

電太：は，はい・・・

主任：その辺をもう少し話しておこうか．

電太：ぜひ，お願いします．

主任：整理・整頓は現場では絶対に守らなければならないルールなんだよ．一つは事故につながりやすいってことだ．作業範囲を広げると他の職人の動く範囲とバッティングしやすくなる．相手にとってもこちらにとっても危険だ．自分だって踏んだり，つまずいたりするかもしれない．また高所だったら物を落してしまうかもしれない．落とした物がちょっと重かったら，下に人がいたらどうなる．

電太：大きな事故になります．

主任：そうだな．すごく危険なことだ．また別の理由もある．物をなくしやすくなるってことだ．俺自身もそれで物をなくしたことがあるんだ．天井裏にスケールを忘れたり，地下ピットにラチェットを忘れたりしたこともある．また器具ではずした特殊なネジをなくしたときなんて，一日仕事にならなかった．

電太：確かにさっきはハンマーをなくしそうになりました．なくなったら配線ができなくなりますね．

主任：効率も悪くなる．無駄が増えるって弊害もある．どこに何があるのかわからなくなれば，探すだけで無駄な時間を費やすことになる．作業時間の半分がモノを探す時間なんてもったいないだろう．

電太：確かに作業中，探し回っていることが多かった気がします．

主任：まだまだ理由があるぞ．整理・整頓しない仕事って不思議と雑になる．工事そのものに影響するんだ．そういう現場では不良工事が多くなるとも言う．また，実際に工事をしてもらう側から見てどうだろう，自分の家を工事する人が散らかしながら仕事をしていたらどう思うだろう？

電太：気持ち良くはないと思います．・・・あ！そういえば以前，家にエアコン工事に来た業者さんがじゅうたんを汚して親が怒ってました．

主任：そう，お客さんの信頼を失うことだってあるんだ．

❸整理・整頓は現場の基本

電太：整理・整頓って，そんな大切なことだったなんて気がつきませんでした．

主任：ベテランになっても忘れがちだが，絶えず意識しないといけない．それで電太の場合，実際にどうしたらよいかと言うことだな．

電太：はい．

主任：作業の区切り・区切りで整理する習慣をつける．別の作業に移るとき，ミニ整理・整頓するのはどうだ．そこにある工具はもう使わないだろう．そうしたらもう片付ける．面倒だが，そうする．

電太：はい，すぐに片付けます．

主任：また作業するときも自分の動く範囲の一番使いやすい位置に工具と材料を置く．そして使った後に必ず同じ位置に戻す．できれば腰道具に入れておいて，使い終わったらすぐに所定の場所に入れる．

電太：（腰道具を見ながら）そういえば空になってますね．入っていた工具を向こうに置いてました．

主任：自分の腰が軽くなったら，もう一度所定の位置に戻すことだな．さらに出てくるゴミや廃材はできるだけ，その場で処理する．俺がゴミ箱を自作して持ち歩いているのはそういう理由だ．散らかしながら歩き回るより，このほうが清掃の手間も減るし，現場が汚れにくい．ハツリが必要なときも袋を持ちながら作業することができる．

休憩時間が終わって

大工：おっ，兄ちゃんも頑張ってるな，早くこういった一人前の職人になるんだぞ．

電太：はい！頑張ります！

❸ のポイント

① 整理・整頓は安全，作業効率，工事の品質，施主との信頼に関わる重要なもの．
② 整理・整頓を行うために，仕事のミニ中断やゴミの効率的な処理など工夫が必要．

4 施工図と現場を見比べてみよう

電太：久保田さん，この設計図で工事するんですよね．

主任：いやこれは設計図とは言わない．

電太：え？

主任：施工図と言うんだ．

電太：どう違うんですか？

主任：設計図がベースにはなっているんだが，実際に施工するための図面と言ったら良いかな．

電太：？？？

主任：設計段階の図面が「設計図」，工事段階だと「施工図」と言う．建物が出来上がった後は「竣工図」を作ってメンテナンス用に建物の管理者やオーナーが保管する．我々が新築の現場で使うのはこの施工図なんだ．

電太：図面というと設計図とばかり思っていました．

主任：まあアメリカの建築工事では設計図に細かく書き込むので，施工図がないわけではないが，日本ほどには施工図を書かないと聞くがな．工事できるほどの設計図が理想だそうだ．向こうは訴訟社会だから設計者と施工者の責任を明確にするためというのもあるらしい．だから設計図で工事するという発想もあながち間違ってはいない．日本では設計図では実際の工事を行うためには十分でないので，施工図を大抵は作成する．

電太：ってことは実際に工事で使うのは施工図なんですか？

主任：そういうことだ．たとえば今日の現場の図面だ．設計図書をベースに現場代理人が作るんだ．そして施工する電工がそれを見ながら施工する．この出来，不出来が工事そのものに影響する．

電太：重要なんですね．

主任：まずこいつの読み方を覚えてしまうのが工事を覚える早道だ．だから，まず現場とこれとを比較してみようか．

電太：お願いします．

主任：まず地図と同じだ，自分のいる位置を確認しよう．今，俺たちは1階にいる．だから平面図でいうと，この今見ているこの図面だ．この中で俺たちがいるのはこの部屋だ．そして数値が書いてある．これは必ずミリ〔mm〕だってことを忘れないでくれ．指示するときはミリを言わない場合がある．150って言われたら，150cmじゃなくて，150ミリだ．これは図面の表記も同じだ．

電太：それで「1 200！」とか「2 400！」と指示したりされたんですね．

主任：そして，図面を見てみるとたとえば高さは「H：1 300」と表現する．注意しなければならないのは最終的な床の高さ，これはFLって言うが必ずしも工事中の床の高さと同じではない．

電太：どういうことですか？

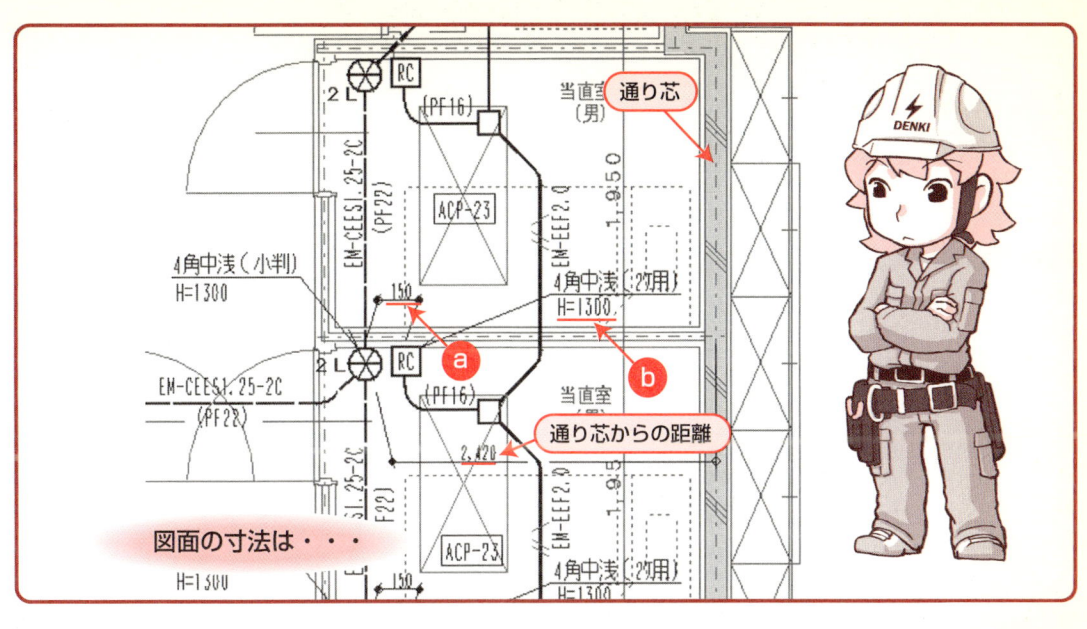

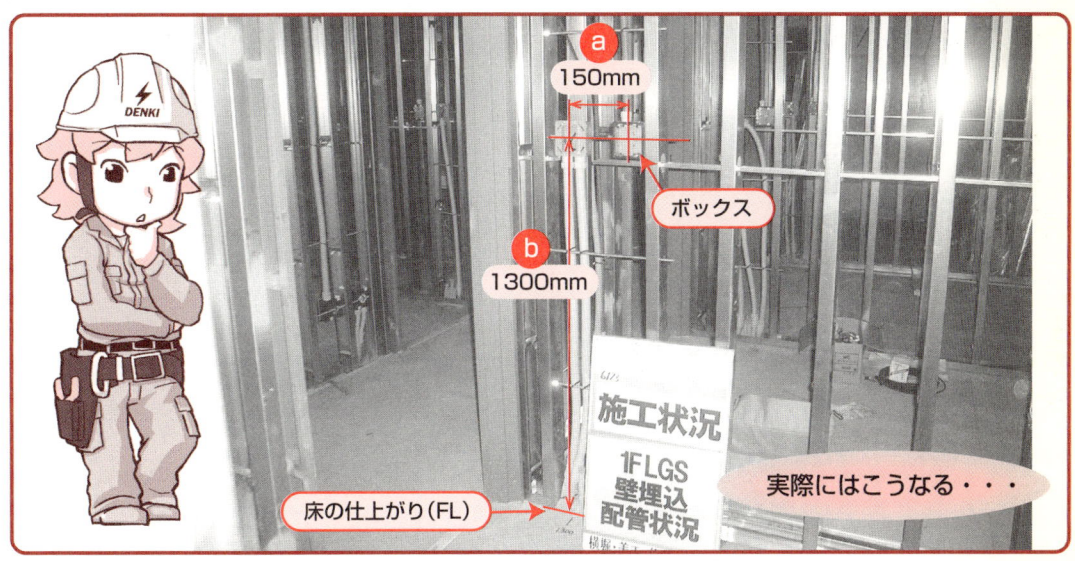

❹施工図と現場を見比べてみよう

図面の寸法は・・・
通り芯
通り芯からの距離

実際にはこうなる・・・
ボックス
a 150mm
b 1300mm
床の仕上がり（FL）

主任：たとえば床はフローリング，Pタイル，OAフロア，じゅうたん，畳など，いろいろなものでかさ上げするだろう．今作業中のコンクリートむき出しって状態はあまりない．その最後の高さはあそこの壁に「FL1000」って書かれた直線が引いてあるだろ．あれから1000下がちょうど床の仕上がり高さだ．

電太：なるほど．

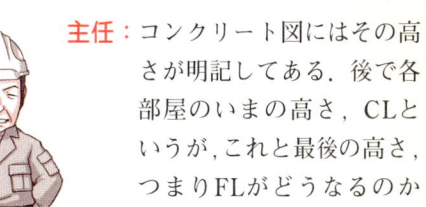

主任：コンクリート図にはその高さが明記してある．後で各部屋のいまの高さ，CLというが，これと最後の高さ，つまりFLがどうなるのか調べてみるのも面白い．どれくらい床が上がるかが書いてあるよ．

電太：え，配線図だけではなく，そんなところも見るんですか？

19

電気工事の仕事を知ろう！

主任：電気工事は建設業の一つだということを忘れてはいけないよ．建築に使う材料や他業者の取合いなど，図面はいろいろなことを教えてくれる．それでも綿密な打合せは必要になるけどね．慣れてくれば今の状態から最終的にどうなるのかまで図面を眺めることで，ある程度頭の中に思い描くこともできるようになる．

電太：そうなると，仕事をするのも楽になりますね．

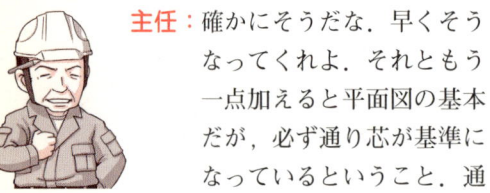

主任：確かにそうだな．早くそうなってくれよ．それともう一点加えると平面図の基本だが，必ず通り芯が基準になっているということ．通り芯とは壁や柱の中心にある基準となる線で，これが図面の基本にもなる．そして現場でもこの通り芯を中心にいろいろな値が出ている．この通り芯は壁や柱の内部にあって見えないことが多いので，1 000mm離した所に直線が打ってある．ちょうど電太の足の下にある線がそうだな．

電太：これですか？

主任：これから図面の読み方は作業しながら覚えてくることになるが，高さと平面の位置，そして寸法を意識するためにこの基準になる線はすごく重要になる．壁に書いてある，あのFL1 000も同じ．これらを基準墨といって，寸法を出すときの基準となる．

電太：何のための線かわからなかったんですが，そんな大切な意味があったんですか．

主任：図面と現場を見て正確な位置を知ろうとするときの大切な基準になるからな．それを意識しながら現場と見比べると徐々に覚えていくことができるよ．

❹ のポイント

① 工事に使う図面は施工図という．
② 表記はミリ単位が普通．
③ 高さや位置など基準墨を意識する．

5 もう複線化なんてしなくていい！ 〜配線図の現場風読み方〜

電太：複線化っていつやられたんですか？
課長：現場ではわざわざ図面に書いて，複線化する，なんてしないわよ．
電太：え？ 
課長：まったく，久保田さんはまだそういったことも教えていなかったのね． 
電太：すみません，聞いてなかったかもしれません． 
課長：オーケー，じゃあ現場では配線図をどうやって見て，どう作業するかを実際に見せてあげるわね．試験のときとは違うわよ．
電太：お願いします． 
課長：まず電線のはぎれを持ってきて．・・・そして私が簡単な図面を書くわね．こういうのはどう？（↓） 
課長：これをジョイントボックスでつながなければならないとするとどうする？

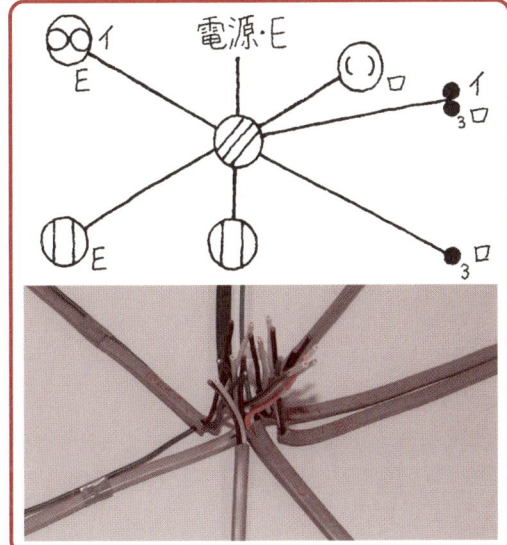

電太：こんなにたくさん・・・，これを複線化するんですか？ 
課長：もっとシンプルに考えてみましょう．要は最後に電源つまり接地側と非接地側が目的の負荷に行けばよいんでしょ？
電太：はあ・・・ 
課長：でも電源と関係ない線もあるわね．スイッチと器具の間にある線，いわゆるスイッチ結線，あと三路スイッチ間の線．これらを先に結線しちゃうの．これで言えばイのスイッチの白線とイの器具の黒線．まずこれを結ぶ（↓）．

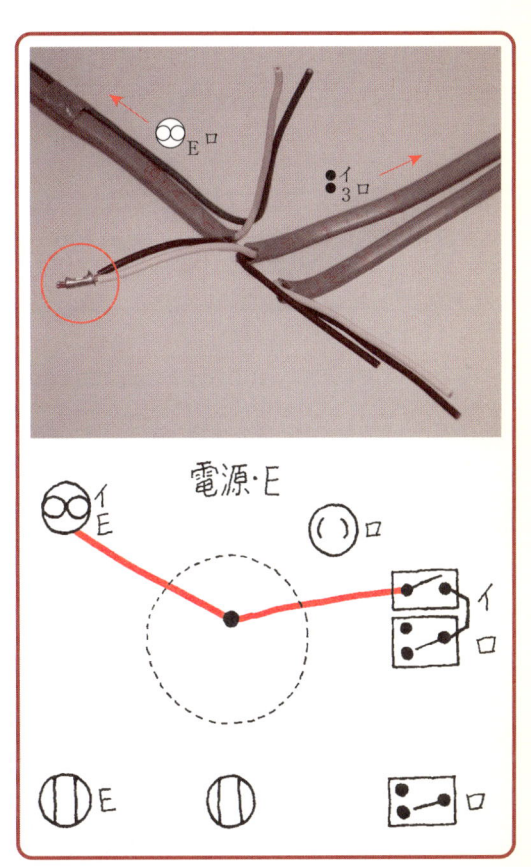

電気工事の仕事を知ろう！

課長：ロのスイッチは三路だからどちらかの黒に器具の黒をつなぐ．この場合，上の3路はイのスイッチと共用にしているので，下の3路がいいわね（↓）．

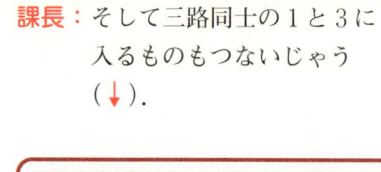

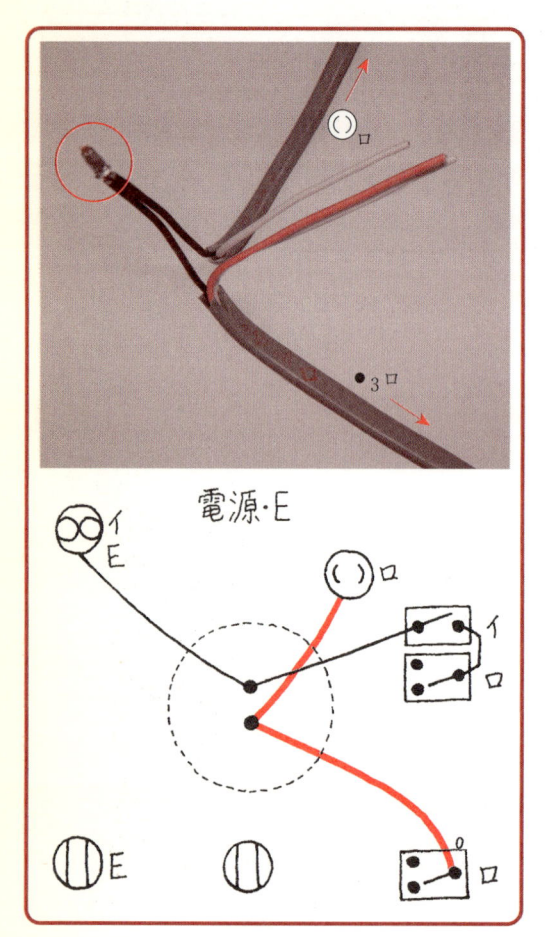

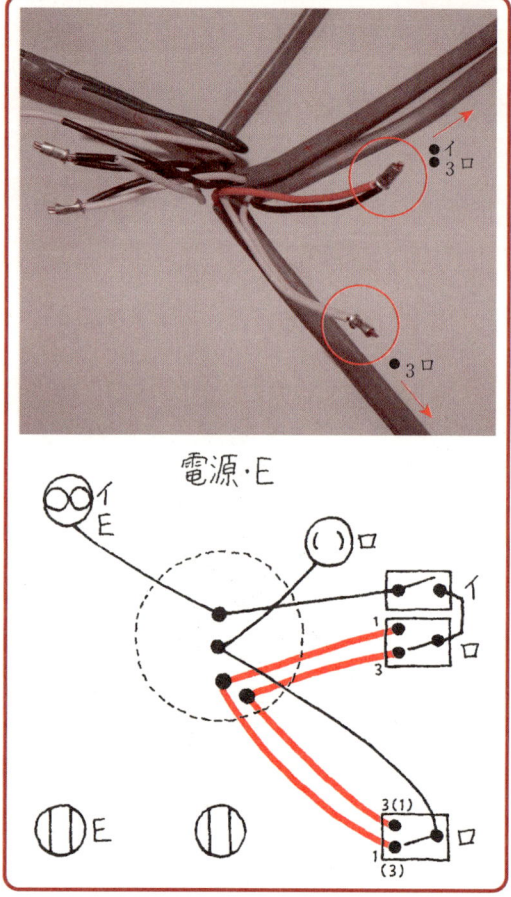

課長：そして三路同士の1と3に入るものもつないじゃう（↓）．

❺もう複線化なんてしなくていい！～配線図の現場風読み方～

課長：そしてアースと電源．残りはもう考えなくてもよいわね．

電太：・・・，接地線と非接地線ですね．同色でつなぐんですか．こうですか（↓）．

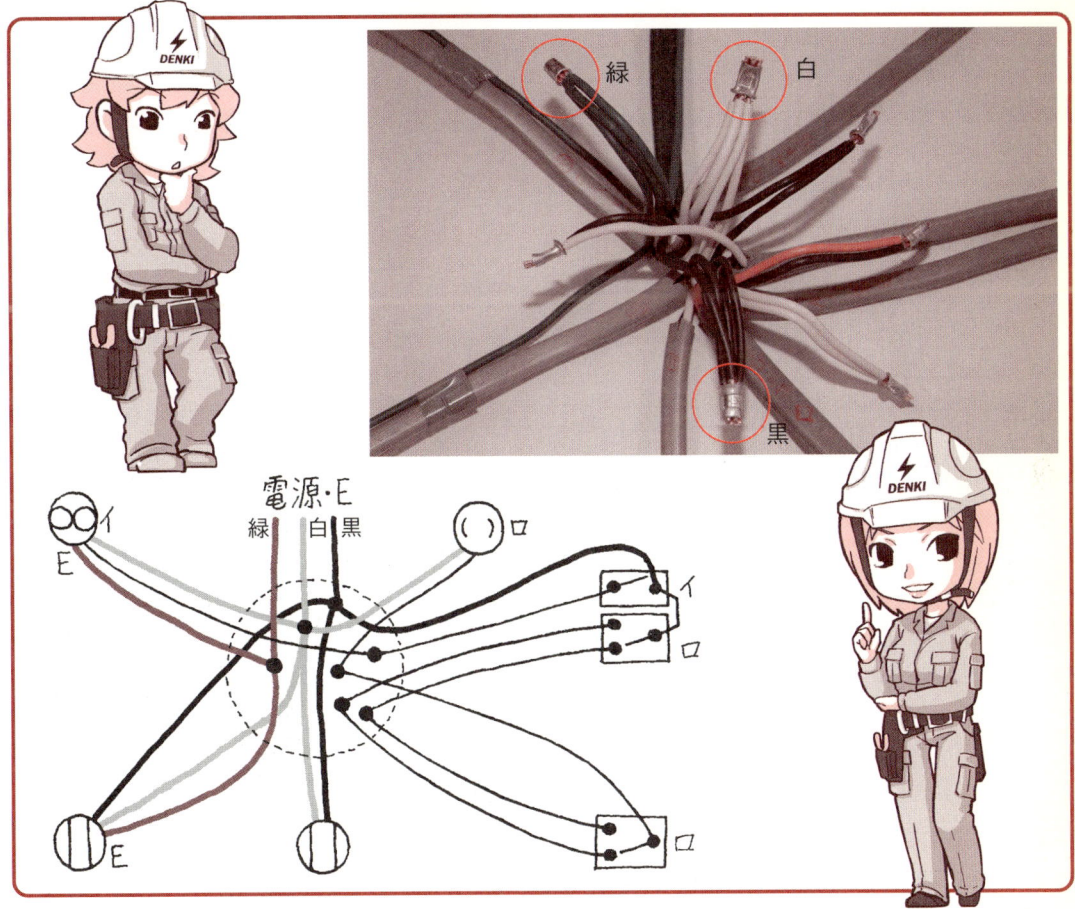

緑　白
黒

電源・E
緑 白 黒

イ　ロ
E

課長：ご名答！複線化した？

電太：・・・，電太：いやまったくしませんでした・・・，あ！これを実技試験でもできればすごい時間の節約になりますね．

課長：まあ，ある程度複線化が分かっていないといけないけれど，複雑で複線化しにくい配線にも応用できるのよ．要は間違えの少ないところから結線していく方法．よくある結線間違いも少なくなるわよ．最近は，ユニットケーブルが増えているから，結線の機会も減っているかもしれないけれど，結線の必要な現場はまだまだあるからね．

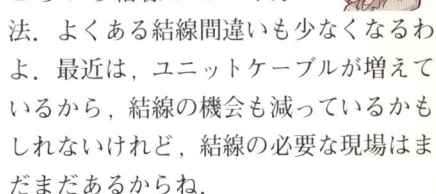

❺のポイント

① 結線ではスイッチ結線など，電線の本数の少ない所から結線すると間違いが少ない．

② 複線化しなくても結線できるように，基本的な考え方を頭に入れておく．

電気工事の仕事を知ろう！

⑥ 刃物のキレにご用心・・・
～安全な電工ナイフの使い方～

電太：うぎゃー！

課長：どうしたの・・・，まあ，大変！手から血が出てるじゃない！

電太：ててて・・・，すみません・・・，つい油断してて・・・．

部長：ちょっと見せてみろ．傷が開いてるな．止血するから我慢しろ．あと品川さん．監督を呼んできて！

課長：（我に返って）・・・あ，はい・・・．
（病院で手当てを終えて）

電太：皆さんご迷惑をおかけしました・・・．

部長：まあ，二針縫っただけで済んだから良かったよ．品川課長のほうが青ざめているなんてな．

課長：私は血を見るのが苦手なんですぅ！もう電太がおっちょこちょいなんだから！

24

❻ 刃物のキレにご用心・・・〜安全な電工ナイフの使い方〜

部長：まあまあ，それよりいい経験になったんじゃないかな．仕事に慣れだしたころに事故が起きやすいと昔から言うからね．痛みはどうだい，少し引いたかい？

電太：いや，まだジンジンして・・・

部長：せっかくの機会だから今日は刃物の使い方について少し話しておこうか．電工ナイフを使って手を切るのは，なかなかなくならない事故の一つだからね．電太はどうして手を切ったのか自分で説明できるかい？

電太：あ，はい．CVTの端子上げを課長から頼まれていて，サンパチ（38mm^2）のケーブルの白い被覆を剥いたとき，つい勢いあまって切ったんだと思います．

部長：君は右利きだけど，そのとき左の手はどこにあったの？

電太：いやどこだかはっきりとは覚えていないんですが．

課長：怪我した場所から大体わかるでしょ．刃物を左の手の方向に向けて切ったということね．つまりナイフの先にあったってことでしょ．

電太：あ，そういえばそうですね．久保田さんからは「絶対にするなっ」て言われていたのに自分としたことが・・・

部長：よく気がついたね，そういうことだよ．刃物を動かす方向には自分の体があるのは原則いけないんだ．刃が動くほうの刃先には体がないことが基本になる．（上のイラスト参照）このときにも人がその先にいないかに注意しなければならない．

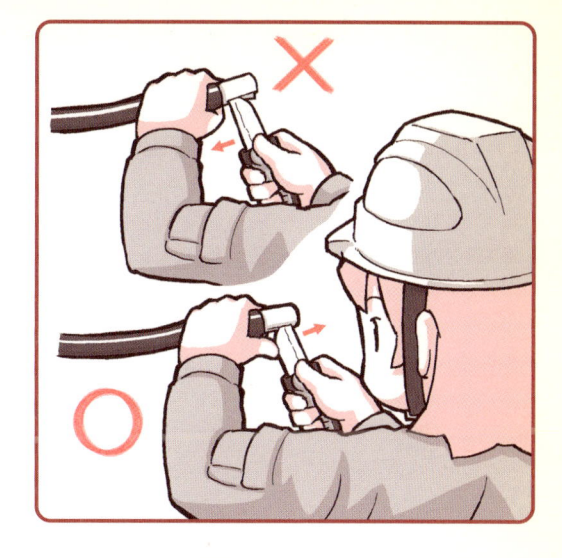

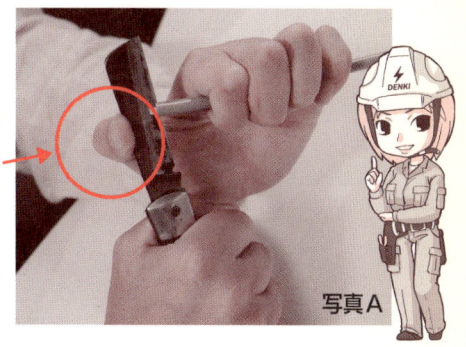

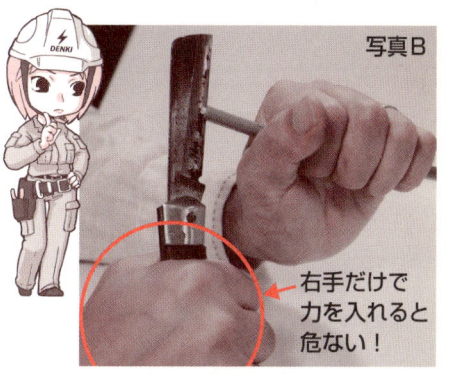

親指でナイフを押す

写真A

写真B

右手だけで力を入れると危ない！

左手を動かせば安全　写真C

25

電気工事の仕事を知ろう！

課長：それと，たとえばVVFケーブルを剥くときなどは**写真A**のように刃が向かうほうの指を使って最初の切込みを入れるの．こうすれば刃が向いているほうの指でナイフを動かすから指を切る可能性がほとんどないでしょ．逆に**写真B**みたいに右手だけで動かすと危険性は上がるわね．そしてこれ以降は電工ナイフは動かさないで，ケーブルのほうを**写真C**みたいに引っ張れば絶対に指は切らないのよ．そういった怪我をしないやり方を身に付けないといけないわね．

電太：それも聞いてましたけれど，最近，いい加減にやっていた気がします．

課長：作業に慣れてきたのね．慣れてくるとだんだん面倒になるかもしれないけれど，基本に忠実にね．原則として体の中心から外側に刃を動かすのが基本なの．体のほうに刃が向かう作業があったら違和感を感じるようにならないといけないわ．

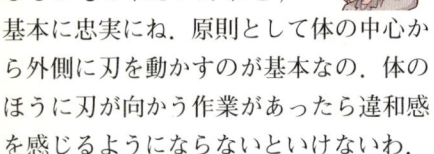

それともう一つ．電工ナイフはきちんと手入れして研いでおかないと，無理な力を入れるから事故が起きやすくなるの．

電太：そういえば久保田さんはいつも工具の手入れをきちんとされていました．そういうことって単に作業しやすくなるだけじゃなくて，安全のためにも必要なんですね．

課長：電工ナイフだけでなくホールソーやドリルのキリ，のこぎりなど刃物の手入れは重要よ．ホールソーやドリルのキリでも穴が開けにくくなって余計な力を入れなければならないし，それは事故につながりやすくなるの．

電太：電工ナイフと同じですね．手入れが悪いと作業効率が落ちたり事故が起きたりするんですね．

課長：最近はワイヤストリッパやNKカッターなどいろいろ安全で便利な工具も使われているから，こういったものを活用するのもいいわね．それでも電工ナイフを安全に使う習慣ができていると，他の器具・工具を安全に使う感覚が養えると思うわ．刃物の使い方一つで安全への意識がわかるの．

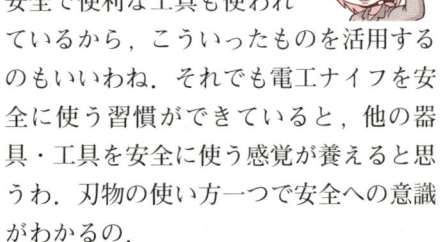

部長：そうだね．あと私からも．何より大きな事故にならなくて良かったと思うよ．これで体に障害が残ったり，仕事ができなくなったりしたら大変だからね．小さな事故のうちにきちんと原因を知って対策を講じることは重要だ．それでどんな小さな事故や，ヒヤリとしたこと，危ないと思ったことはすぐに報告してほしい．問題が小さなうちに解決できるだろうし，大きな事故を未然に防げる．そういったときに私は叱ったりしないから安心して言ってほしいね．ただし報告しなかったら，叱らざるを得ないが．

こういった機会に改めて安全について考えられたから，文字どおり「怪我の功名」だね．

❻のポイント

① 電工ナイフを使うときは動かす方向に体や人がいないようにする．
② 怪我をしにくい剝(む)き方を身に付ける．
③ 工具の手入れは安全のためにも重要．

7 仕事の中の優先順位

電太：久保田さん，「安全第一」と言いますよね．

主任：ああ，言うな．

電太：それと，正確な作業を心がけないといけないとも言いますよね．

主任：そうだな．

電太：どちらのほうが大切なんですか，やはり安全なんですか？

主任：面白い質問だな，電太．どちらも大切だけれど，どちらかと聞かれれば当然「安全」だな．電太の言うとおりだ．

電太：それと，ぜんぜん時間がないときはどうなんでしょう？

主任：なかなかいい質問だ．これは電気工事を行うときに常に考えないといけないことだよ．確かに時間のせいにして不正確な工事にするわけにはいかないし，安全に配慮しなくてよいわけでもない．

　そうは言っても，我々は工事を完成させることによって金銭をもらっている．だから同じものを完成させるのにできるだけ短い時間で行ったほうが利益になる．たとえば1日で終わる工事を3日もかけて行えば，確かに慎重で，正確，安全かもしれないが利益にはならないね．逆に1日で終わる工事を半日で，または二人かかる工事を一人でやれば利幅は増える．でも正確さや安全に問題があればどうだろう？

電太：クレームや事故になります．

主任：そう．手戻り工事があれば，その分でさらに時間と人手がとられる．これは利益にならない工事だからね．以前あったが，同僚が行った不正確な配線工事のために天井をはがさなければならなくなって，その後にも誤配線を見つけて配線しなおすのに一日の仕事全部がつぶれた．また，天井のボードやクロスの職人に改めてお願いしなければならなくなり，その分の出費もかかる．信用も傷つく．

電気工事の仕事を知ろう！

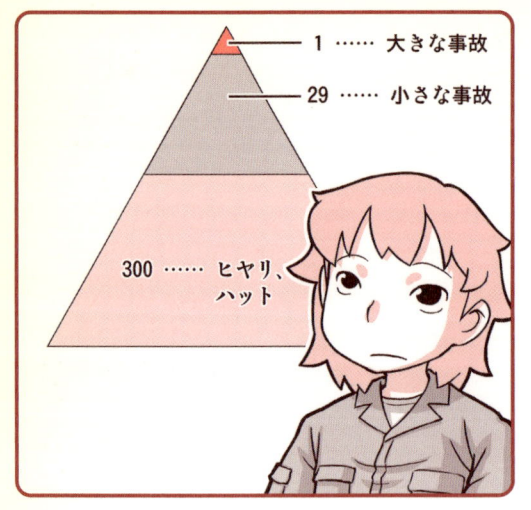

```
    ▲
   ╱ ╲    1 …… 大きな事故
  ╱───╲   29 …… 小さな事故
 ╱     ╲
╱  300  ╲  300 …… ヒヤリ、ハット
─────────
```

電太：山本部長も品川さんも手戻り仕事をすごく嫌がってましたね．

主任：手戻り工事は，完全に防ぐのは難しいものの，工事の「正確さ」に対して意識がないとより多く起こる．それで工期が遅れて，ますます時間がない中，正確さを保つことが難しい状況で工事をする・・・また手戻りが生じる・・・という悪循環になる恐れさえある．そうすると時間もない，正確さもない，利益も減る，現場はぐちゃぐちゃになる，疲労ばかり増える，さらにもっと怖いことに安全まで犠牲になる．こういった負のスパイラルになる．

電太：それってすごく怖いですね．

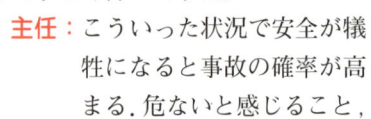

主任：こういった状況で安全が犠牲になると事故の確率が高まる．危ないと感じること，ヒヤリとかハッとすることが増えてくるんだ．こういったことが10回も起きると一回は小さな事故が起きる．そして，そういった小さな事故が29回起きると大事故が起きる．これは「ハインリッヒの法則」といって，大きな事故1に対して小さな事故29，「ヒヤリ，ハット」が300隠れているというものだ．だから工事の正確性についてきちんと配慮できない現場だと安全まで脅かされてしまう．大きな事故が起きれば仕事を行うことすら出来なくなるかもしれない．だから時間がないと感じたときにこそ，逆に正確さや安全に対してより神経を使わなければならない．

電太：すごく難しいですね．時間がないのに正確に安全に行うなんて．

主任：そうだな，そのことについてはうちの会社では一定の方針があって，電太のように，初めて工事に携わる人には，ある程度時間の余裕を見ているんだ．初めは遅くてもよいから，確実に安全に施工してもらう．正確に安全に出来るようになって，初めて作業速度を意識させる．最初にスピードを求めると，どうしても安全や正確性がおろそかになる．それだけではなくて，そういった意識が普通の感覚になってしまうのが一番怖いと思っているんだよ．雑な工事の仕方が身についてしまうんだな．ときどき，よその現場でそういった施工を見ることがあるが，それはその施工をした当人にも問題があるけれど，正確性や安全性を軽視した工事会社の姿勢でもあるんだよ．

電太：そういえば，仕事の速度は今までそれほどは言われませんでしたね．逆に工事終了後の確認やテストは何度も言われました．

主任：正確な工事を行うときには施工後に必ず確認をしないといけないからな．施工直後の導通の確認や絶縁不良の確認，通電後の電圧の測定は，問題があればすぐに対応できるし，仮にその後に問題が起きたときにも原因箇所を切り分けしやすくする．これを面倒と思うようになると，不思議なんだが途端にミスが多くなるんだ．

電太：そういえば自分もミスをしたなと思っていたときは勢いで仕事をして，あまり確認をしていなかったときのような気がします．でも，作業に慣れて，しばらくしたら，時間も短くもしなければならないんですよね．

主任：そうだな，ある程度正確に安全に工事が行えるようになると，自分の作業の大体の時間がわかってくる．これを安全や正確性を犠牲にしないで，時間を短くするんだ．いろいろな工夫で短く出来ることもある．体がなじんできて，スムーズで無駄のない動きが出来るようになったり，事前の準備が計算できるようになったり，移動距離を短くする順序で工事すること，省力化のためのさまざまな工具や工法，時間を短くするいろいろな方法があるね．でもさっきも言ったようにただ短くするんじゃない．安全や正確性を確実に守りながらそういったことを行わなければならない．また工事に入る前に，これが無理な工程かどうかよく検討することも大切なんだ．

電太：そうするとやはり仕事の優先順位は1番最初に来るのは「安全」，次が「正確性」ということですね．

主任：必然的にそうなるだろうな．

電太：次に「スピード」ですか．

主任：必ずしもそうではないな，商品としての価値として美的な配慮が必要になる．汚い施工はそれだけで評価を下げるから，美観も重要だよ．もちろんデザインに凝るとかそういうことではないけれど，商品として，そこにある自然な美観は最低限持っていないといけない．早く取り付けて照明が斜めだったり，上下に並ぶスイッチとコンセントがずれていたらまずいだろ．これらを配慮したうえでもスピードは大切だ．最初に言ったように作業速度は利益と関係するからね．こういったバランスのうえで工事は行われている．

電太：電気工事で利益を生み出すには，いろんなことに気を使わないといけないんですね．

7 のポイント

① 作業スピードは利益と結びつくが，安全や正確性を犠牲にしてはいけない．
② 仕事の覚え始めは安全や正確性を優先させる．
③ 美観にも注意する．

8 早く作業を行うためのコツ

課長：じゃ，今日は仮設の準備をしてもらおうかな．チョウチン（防水ソケット）と仮設用コンセントを電線につないで，配線が完了後すぐに取り付けられるように準備しておくからね．

電太：あっ，現場でよくぶら下がっているやつですよね．

課長：そうそう，それを配線箇所に取り付けるから，前もって準備するのね．はい，これがサンプル．簡単でしょ？

電太：楽勝っすよ．

課長：ほんじゃ，電太くんの腕を試すためにちょっと競争しようか．ほい，始め！

20分後

電太：げっ！もうそんなにできてるんですか・・・．

課長：えっへん，どう．少しは見直した？

電太：見直すも何も，・・・いや最初から尊敬してますよ・・・．

課長：なんて冗談よ．あたしも久保田さんに新人時代，同じことをやられてね，同数を振り分けて，あたしにやらせて，こっちが半分もできないうちに全部仕上げて涼しい顔をしてるの．おまけにダメ出しまでして．本当にあのオヤジはムカつくったらありゃしない．性格が悪いわよね．親の顔を見てみたいわ．

電太：は，はあ・・・（あんただって同じじゃない！）．

課長：ということで罰としてジュース買ってきて．残りはあたしがやっておくから．

❽早く作業を行うためのコツ

電太：あ，はい・・・（お金をもらう）じゃ，行ってきます・・・

買い物から帰ってきて．

電太：あれっ，もう終わったんですか？
課長：楽勝よ，そういえば先回，久保田さんにスピードより安全が大切って教わったんだっけ．
電太：はい，安全や正確性が大切って，あ，あと美観とか．
課長：でもスピードも大切だって聞いたんだよね．それで今日はスーパー美人電工のお姉さんが特別に安全に，確実に，作業スピードを上げる，ちょっとしたコツを電太くんに伝授するから心して聞くように．
電太：(普通そういったことを，自分から言うかよ・・・)
課長：は，何か言った？

電太：いや・・・，よろしくお願いしますっ！
課長：よろしい！それでは，ちょっと君の作ったのを見てたんだけれど，これはやり直し．芯線が長すぎる．見えてるよ．
電太：あ，すみません．
課長：ま，それ以外はオッケーね．ダメ出しが一つだけって，さすがに資格を持っているだけあるわね．
電太：課長の一番弟子ですから．
課長：そりゃそうね，これだけの美人電工が教えているんだから・・・
電太：(また始まった・・・)
課長：何，その納得できないって顔は．

31

電気工事の仕事を知ろう！

電太：いやなんでもないっす．お褒めいただいて光栄っす．

課長：だけど作業のやり方はちょっと・・・ね．一つ電線を測って，切って，剥いて，取り付けては，また測るってことをやってるでしょ．それでは作業が遅くなるのよ．
ここで一つコツを教えるわね．同一作業をまとめてやると早くなるってこと．同じ長さの電線だったら，最初に必要本数を切る作業を行う．終わったら，必要な長さを剥く．こうやってリズム良く流れで行っていくの．
長さだっていちいちメジャーで測らなくて，こう，自分の手とか腕をメジャー代わりにするとかね．私の場合，親指と人差し指はゆるく広げると150，電線を両手に持って軽く広げると1500くらいになるの．こういったものを使えばメジャーを出す手間もいらない．一つ電線を切って，それを基準にしても良いし，またこのベニヤの上に線を出して，長さを測る基準にしても良いの．

電太：そういえば課長はFケーブルをどんどん切ってから，電工ナイフで剥いて，それから器具付けしてましたね．

課長：なんだちゃんと見てるんじゃない．だったら真似すること．昔の電工さんは「技術は教わるものじゃなくて盗むものだ」って言っていたくらいなんだから．もちろんこっちはちゃんと教えるけれど，見たことから学べることもすごく多いのよ．そして，どうしてそうやるのか聞けば確実に身につくでしょ．

電太：もう目の前にある作業で手一杯だったんで．でも課長のやり方なら，確実にスピードが上がりますね．

課長：ね，美人電工のお姉さんに教えてもらって良かったでしょ．

電太：はあ・・・（いちいち疲れるよな・・・）．

8のポイント

① 適当な同一作業を繰り返し，リズム良く行うと作業が早くなる．
② 大まかな長さを測る場合，メジャーだけでなくいろいろな方法を状況に合わせて利用する．
③ 見たことを真似して学べることもある．

こんなことまでやってる電気工事

9 穴掘りだって電気工事

課長：明日は埋設配管のための穴掘りをやってもらうからね．

電太：パワーショベルとかそういった機械で掘るんですか？

課長：残念，ユンボが入らないところだから，今回は手で掘ってもらうからね．か弱い女性の私は別の仕事をするから，みんなは気合い入れてがんばるのよ．陰ながら応援してるわ．

中川：確か車が通る所もあるから，1.2m以上深く掘らないといけないんですね．

課長：下に砕石も敷くから，もうちょっと深くしないとね．電太はどう？　大丈夫？

電太：楽勝っすよ．

課長：中川さんは．

中川：いや，穴掘りなんて電気工事の仕事だなんて思いませんでしたよ．昨日も久保田さんところで穴堀りしたんで．

課長：確かに一般のイメージからは遠いからね．明日はかなり疲れると思うから水分をよく取ってところどころ休憩も挟みながらやってね．今日はあんまり夜遊びなんてしないでさっさと寝ること．さて，そういうことでスコップとつるはし，レッカーを車に積んでおくわよ．

当日現場に到着して掘り始める．

中川：なんだガラばっかじゃないか！もうぜんぜん掘れない！

電太：つるはしとレッカーで少し砕きますね．

中川：電太くん，ここもお願い．手の豆がつぶれてすごく痛いんだよ．

❾穴掘りだって電気工事

電太：きちんと軍手しておいたほうがいいですよ．俺，バンソウコウ，持ってますから少しはってください．
中川：悪いな．・・・もう大丈夫だ．それにしてもガラやら石やら多くてなかなか掘れないな．

掘り終える．

中川：やっと掘れたね！
電太：やりましたね！午前中は本当にへとへとになりましたよ
中川：汗びっしょりになったな・・・．課長が来るまでちょっと茶でもしながら休憩しとくか．
電太：いいっすね．じゃ俺がコーヒーでも買ってきますよ．

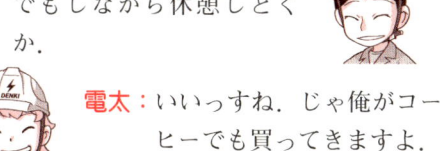

電太が戻ってくる．

電太：でも何で中川さんはSEなんて難しそうな仕事をしていたのに，電気工事に転職されたんですか．
中川：ずっとコンピューターとにらめっこって仕事より，体を動かしてモノを作り上げる仕事のほうが性に合ってたんだよ．幸い電気工事士の免許は取っていたしね．
電太：そんなもんなんですか．俺なんかSEなんてすごいと思いますけれど．
中川：でも，モノを作り上げていくという点では結構似てもいるよ．情報システムと電気設備という違いはあるけどね．俺から見ると電気設備の工事はすごいと思うよ．結局，電気がなければ何も出来ないからね．それに電気工事は，電気だけではなく建築についても知っていなければならない．トラブルが起きたときの瞬時の対応だって，やはりすごいものだよ．それをトラブルシューティングって言うんだけれど，情報システムでも重要視されるスキルでね．ところで電太は，どうして電気工事なんて始めたんだい．
電太：学生時代に電気工事の資格を取ったんで，それを生かせないかなと思ってなんですけれど．
中川：実際にやってみてどう？仕事は楽しい？

35

電太：いや正直結構つらいこともあるし，なかなか覚えられないこともあるけれど．でもこの前なんかも普段は無口な久保田さんが「お前とはいいコンビだな，いい仕事ができるよ」ってボソッと言ってくれて，そういうのってすごくうれしいですよね．

中川：ああ，あの人はそういった人だよね．口はそんなにうまくないけれど，そういったことを言うよね．

電太：そういうことを言われると，失敗して落ち込んだり，怒られたりしても，またやる気が出てくるんですよ．

中川：それはすごくわかるな．前の職場はそういったことが少なくてね，みな人とは関わりなく仕事するような雰囲気があったよ．人間関係も結構気を使う感じでね．ここの人たちは山本さんにせよ，久保田さんにせよ，品川さんにせよ，仕事には厳しいが，人間的にはフランクでやりやすいよ．それにこういった工事はお互いのコミュニケーションや息が合わないと出来ないよな．今日の穴掘りとか，通線作業とかしてるとそう感じる．そういったところがいいと思うよ．

課長：あら，結構早く終わったわね．お疲れさま．

電太：結構きつかったっす．

課長：さっき何？私の名前が出てたけれど，私の噂話？

中川：いや，自分の前の職場に比べて，すごくコミュニケーションを大切にしているよなって話してたんですよ．

課長：そうね，電気工事の場合，チームで仕事をするし，危険なこともあるから，普段から何でも言える雰囲気にするって大切なの．それにみんなで楽しく仕事できたほうがいいでしょ．特に若い人にはすぐに辞めたい気持ちにならないように，いろいろと考えてるのよ．

電太：自分も落ち込んだときにちょっと声をかけてもらったりで，何とかやれている感じがします．

課長：もう，脅かさないでよね！でも仕事は厳しくても，これからもみんなでがんばっていこう！

⑨のポイント

① 体力を使う工事もあるので体調管理をしっかりとする．
② チームワークを良くするためにもコミュニケーションは重要．

10 鉄筋に囲まれて配管・配管・・・（建込配管）

鉄筋工：おい！電気屋！こんなところに荷物おいて作業の邪魔だろ！どこかにどかせよ！

課長：鉄筋屋さん，ここに荷物を置いたのは悪かったけれど「電気屋」って呼び捨てにしないでくれる．こちらだって「はい，そうですか」って素直に言えなくなるわよ．

鉄筋工：・・・悪かったよ．ここに鉄筋を置くからそっちの空いている所に運んでくれない．

鉄筋工は向こうに消える．

電太：・・・課長すごいですね．鉄筋屋さんにあんなこと言えるなんて．

課長：現場では電工が立場が低いと思っている職人がいるのよ．でもそんなことはないの，こちらは堂々と誇りを持って仕事しなければならないの．だから，ああ言われたからって卑屈になることはないのよ．

中川：自分は少しびびってました．

課長：昔の電工さんは気を使って，お酒を持って行ったりして，いろいろと嫌がらせされないように気を使ったりしてたの．でもうちの会社ではそういった態度はしないし，させないのよ．・・・さあ荷物を移動したら，早速作業にかかるわよ．中川さんと電太，運び終わったら段取りしてくれる．私はその間に墨出しと鉄筋屋さんにボックスを入れた所の補強をお願いするから．

電太：でもなんで電工さんは立場が弱かったんですかね．

中川：久保田さんが言ってたけれど，躯体に近いほうの職人のほうが立場が上という風

こんなことまでやってる電気工事

潮はあったらしいよね．今では電気設備なしでは建物だって建たないのにね．・・・さあ，必要な工具や材料を出して準備しちゃおうか．

準備が終わる．

課長：じゃあ，墨出しした所に高さを合わせてアウトレットボックスを取り付けて．もうコネクタとかスタットバーがついているから，取り付ける場所を間違えないで．

電太：ラジャー！

二人でアウトレットボックスを付け始める．終わるとCD管をつないで立ち上げる．

課長：ストップ！それはダメよ．縦筋にCD管を結束しちゃ．コンクリートの強度が落ちるんだから，必ず横の鉄筋で結束して．CD管の埋設配管は鉄筋コンクリートの強度を弱める可能性があるからよく注意してね．

中川：すいません．忘れていました．

課長：こういったことは試験には出てこないからね．「電気と工事」2007年4月号には建込配管の注意点についていろいろ出ているから，ちゃんと読んでおくこと．

電太：あ，その記事には「配管相互の間隔も開けてコンクリートが回るようにしなければならない」ってことが書いてありました．

課長：あら意外ね，電太はマンガしか読まないと思っていたのに，ちゃんと読んでるんだ．

電太：俺だってきちんと読んでるんですよ．

課長：ごめんごめん，そうやって仕事以外でもきちんと勉強しているって感心だわ．現場に行くとどうしてもその場で対応しなければならないから，覚えられないこともあると思うの．だから仕事にかかる前や仕事をしたあとに，なぜその仕事をそうすべきかをきちんと聞いたり調べたりするのは大切ね．他にも建込配管で注意しなければならないことはある？

中川：コネクタなどが原因でクラックが入らないように曲がりコネクタを内向けに付けたり，上下で作業しない等があります．

課長：中川さんも名誉挽回ね．きちんと読んでいるじゃない．こういったことは読むだけじゃなくて現場を意識して覚えていかないとね．他にも鉄筋工事の資料などを読むと電気配管の注意点がいろいろと書いてあったりするわよ．

⓾鉄筋に囲まれて配管・配管・・・（建込配管）

鉄筋工：電気屋さん！全部ボックスの所を補強しておいてあげたよ．前もって言ってくれればちゃんとやってやるからね．

課長：本当に助かるわ．これ缶コーヒーだけどよかったら飲んで．

鉄筋工：サンキュー．

中川：やっぱ，課長は他業者との交渉がうまいですよね．

課長：そうね，工事って他業者と協力しながら進めていかないといけないからね．特にこういった打込み工事の場合，電気配管って躯体の強度を弱める，邪魔者扱いされがちなのよ．だから鉄筋屋さんや型枠屋さん，監督など綿密にコミュニケーションしていかないといけないし，鉄筋コンクリートの強度についても知っておかないといけないの．だめよ，鉄筋屋さんが怖そうだからって及び腰じゃ．

中川：（頭をかきながら）いや，なかなか苦手で・・・

電太：でもあの鉄筋屋さん，最初は怖そうだったけどなかなかいい人ですよね．

課長：まあ，現場にはいろんなタイプの人がいるから，電工は電工で胸を張って仕事していいのよ．言わないといけないことは言えるようにならないとね．

🔟 のポイント

① 建築現場でも電気工事を誇りを持って行う．
② 現場だけでなく雑誌や書籍からもいろいろなことが学べる．
③ 他業者の人とも積極的にコミュニケーションする．

11 鉄筋の上で配管・配管・・・（スラブ配管）

監督：電気屋さん！困るんだよな，下に組んである鉄筋に乗ったら，ほら，そこの結束線が切れているでしょ．鉄筋の上を歩くときは上に組んである鉄筋に乗らないとせっかくの結束場所がブチブチ切れていくんだよ．切った場所はまっすぐにしてきちんと結束線で結んでおいて．でないと鉄筋屋さんにも怒られるよ．

電太：すいません・・・，すぐ結束しておきます・・・

電太と中川で切れた結束箇所を結ぶ．

課長：あらあら，何をしているかと思えば鉄筋屋さんのお手伝い？

電太：いや，あの・・・結束線を切ってしまって・・・

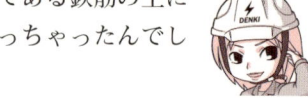

課長：下に組んである鉄筋の上に乗って切っちゃったんでしょ．

中川：さすが課長，お見通しですね．

課長：まあ，してしまったことは仕方ないから一応あなたたちが移動した範囲は見ておくわよ．それまで今日の配管箇所と材料を図面で確認していて．

電太：了解しました．でも配筋の上での作業って結構やりにくいっすよね．

課長：そうね，それだけに注意が必要よ．ここで転ぶことは非常に危険だから，必ず足元を確認すること．できるだけ足場を敷いて，その上に乗ったほうが良いのだけれど，足場と鉄筋の間で滑ることもあるから足場の上に乗っても十分に注意してね．今日なんか天気が良いからいいけれど雨なんか降ったり，雪が降ったりしたときなんてもっと滑りやすくなるからね．

⑪ 筋鉄の上で配管・配管・・・（スラブ配管）

中川：それは大変そうですね．雪の中でのスラブ配管なんて・・・

確認作業の後　配管を始める．

電太：あれ，ずいぶん曲がったな・・・

中川：まっすぐ引っ張ったはずなのに・・・

課長：あらら，これじゃ通線が大変だし，余分な管と電線を使うことになるから，材料も無駄になるわね．中川さん，鉄筋に止める前に一回強く引っ張って．

中川：はい・・・．あっ，引っ張ったらまっすぐになりました．

課長：ちゃんとCD管を引っ張る先の目標までよく見てね．手元しか見ていないと曲がってしまうから．最短コースでいくこと．

配管を終えて休憩

課長：だいぶうまくいっているようじゃない．配管同士の離隔もオッケー，少なくとも30mm程度は開けておかないとね．それと配管同士はできるだけ交差しない．だから配管する順序を考えないとね．だいぶきれいにいったみたいだけど，さっき図面を見て検討したの？

中川：ええ，電太くんと遠いところから配管するように順序を話し合ってやりました．

課長：さすがね，だいぶ二人ともわかってきたみたい．型枠に当たっている配管もないし，スターラップ内の配管も大丈夫みたいね．

電太：ちゃんと一本ずつ通してます．「電気と工事」2007年4月号に書いてあったのを予習しましたよ．でもこの上筋と下筋の間に無理な体勢で配管するのって大変ですよね．足場も悪いし．

課長：そうね，アメリカなどの現場ではまず下筋を配筋して，それから電工が配管して検査が終わったら上筋を配筋するって聞くわね．だから，くねくねしないでまっすぐできるし，作業も早いらしいの．

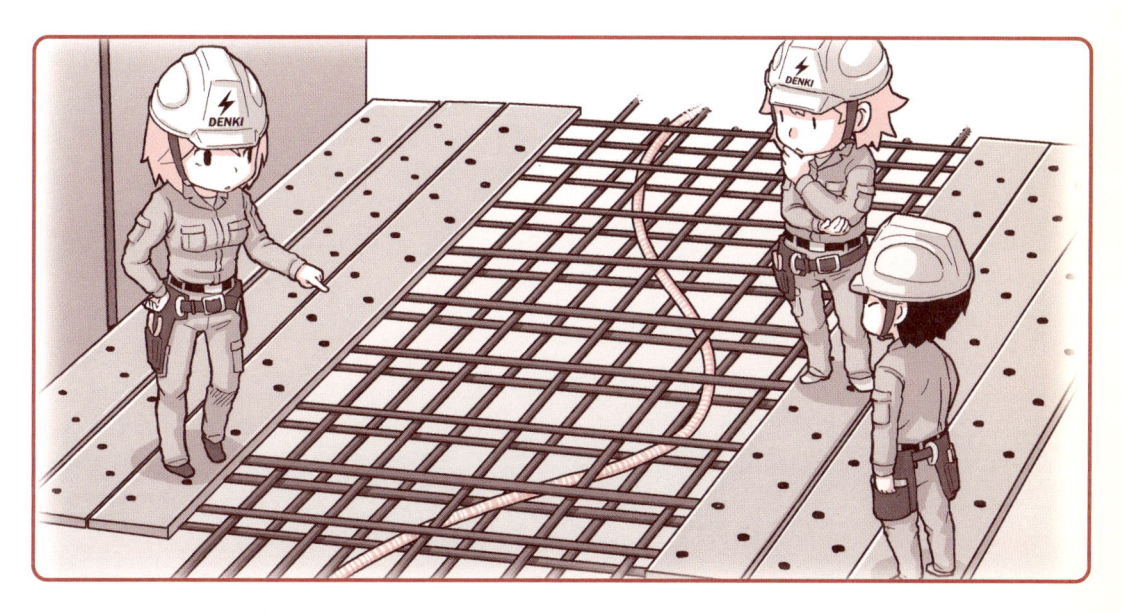

監督：電気屋さん，ご苦労さん．さっきのやってくれた？

課長：先ほどはすいません，一応全部確認して，切れたところは直しておきましたよ．

監督：ありがとう，あと明後日のコンクリ番，必ず一人出してね．

課長：ここにいる若手に行かせますよ．

監督：じゃあ，よろしく．

電太：コンクリ番って何ですか？自分が行くんですか？

課長：コンクリート打設のときにコンクリ打ちを手伝いながら，配管がつぶれないか，スリーブが倒れないか見張っているのよ．もちろん電太に行ってもらうわよ，一人で．

電太：え！一人でですか？でも配管がつぶれそうになったりしたら，どうすればよいんですか？

課長：さあ，どうしたらよいでしょう？それはまた次章で説明しようかしら．

11のポイント

① スラブ配管時は足場に注意！
② 配管前に配管の順序を検討して交差を少なくする．
③ スラブ配管はできるだけまっすぐに最短距離を目指す．

12 コンクリ打のお手伝い（コンクリ番）

電太：す，すいません．ちょっと配管つぶれてるんで直します．

（コンクリ打設をしている土工，ちょっと作業を止めて別の場所にコンクリを流す，電太はポンププライヤで形を整える）

電太：すいませんでした．

（何事もなかったように，コンクリ打ちの続きを始める）

・・・前の日

課長：じゃあ，明日はコンクリ番に行ってもらうからね．

電太：一人で行って何をすればいいんですか？

課長：そうね，それを言う前に，なぜ電工がコンクリート打設の手伝いをするか，説明するわね．建設工事においてコンクリート打設は後戻りできない工程で，出てきたコンクリートは戻せないし，ほうっておけば固まってしまう，いわば一発勝負の大掛かりな工程なの．だから関係者が皆協力して打設する決まりなのよ．もちろん電気工事も設備工事も配管やスリーブを設置して，それを見張るという意味もあるけれど，建築関係の業者が皆で協力して，一つのことを行う珍しい機会でもあるのよ．

電工はだいたいコンクリートを打つときに使う「バイブレータ」の電線部分をコンクリ打ちの邪魔にならないように持つ，なんてことさせられるわね．

このバイブレータってのはコンクリートが型枠の中にきちんと充塡（てん）されるように，振動を与える道具．見ているとわかるけれど，バイブレータをかけると面白いようにコンクリートが流れていくわよ．

このコンクリートを流しているときに隙間ができないように，型枠の外では土工さんが木槌などでトントンたたいて振動を与えて，さらに奥まで充塡されるようにする．だから実際にはバイブレータの電線を持って，そういった様子を見て

いるだけって感じになるかもね．あまり主体的にできることは少ないわね．

電太：え！じゃ何もしなくていいんですか．

課長：大事なことを忘れてる．スラブ配管とスリーブ取り付けを，昨日したでしょ．それが踏まれたりつぶされたりしないかよく見ているの．万が一，何かあったら少し待ってもらってすぐ直すの．ただコンクリが出ているのは止められないから，できるだけすばやくね．

部長：おお，明日はコンクリ番，例の現場か．しっかり配管を見張ってくれよな．

電太：あ，はい・・・

・・・当日，ミキサー車が来るのを待っていて．

土工さん：さっきの配管，大丈夫だった？

電太：あ，おかげさまで大丈夫でした．

土工さん：電気屋さんは若いな．会社には若い人はいっぱいいるの．

電太：いや，自分が一番若いです・・・

土工さん：そうか，それでもいいな．うちにはぜんぜん若いのが入ってこないから，電気屋さんのところはうらやましいなあ．

監督：おーい！電気屋さん，土工さん，缶コーヒー．

土工さん：おお，ありがとう．電気屋さん，ほれ．

電太：あ，すいません．・・・今日は初めてコンクリ番させていただいて，いろいろと勉強になります．

土工さん：そうか，電気屋さん，こういうのは初めてだったんだ．まあ大したことはない，すぐに慣れるよ．・・・ありゃ，ミキサー車がなかなか来ないな．渋滞にはまってるのか？

電太：遅いですね．

遅い・・・・

⑫ コンクリ打のお手伝い（コンクリ番）

土工さん：遅くなると打ったコンクリートが固まってきちゃうからな，まずいんだよ．

電太：そうなんですか．難しいものなんですね．

土工さん：あ，やっと来た．さあ電気屋さん，続きも頑張ろう！

電太：はい！

コンクリートを打ち終わって．

土工さん：いや，電気屋さん，頑張ったね．いろいろ助かったよ，ご苦労さん．

電太：いや，こちらこそ，いろいろと教えてもらってありがとうございます．

土工さん：あとは左官屋さんの出番だよ．ほら見てご覧，左官屋さんがあのカンジキみたいなの履きながら，コンクリの上に乗ってこてで押さえていくんだよ．表面がきれいに仕上がるだろ．あれが終われば，コンクリート打設は全部おしまいかな．

電太：まるで水面みたいに光ってますね．さっきまでただドロドロした，固まりみたいなコンクリートがこんなにきれいになるなんてすごいですね！

⑫のポイント

① コンクリート打設は他業者と協力して行う一大イベント．
② コンクリート打設の手伝いだけでなく，配管やスリーブもしっかりと監視する．
③ いろいろな職人と一緒に仕事をするのでコミュニケーションしよう．

13 セーノ！ソーレ！ 通線は掛け声と共に（CD管通線）

課長：じゃあ，今日は二人で通線作業をしてもらうからね．コンクリ打ちのときは電太がしっかり見ていたと思うから，きちんと電線，通るわよね？

電太：大丈夫だと思いますよ．きちんと見てましたから．

課長：図面で今日，通線すべき場所は確認したわね．ボックス間を全部やってもらうからね．

電太，中川：ラジャー！

・・・材料を運び込み，通線作業を開始．

中川：電太くん，ここにボックスがあるはずだけど見えないね．

電太：おかしいなあ，CL（コンクリートレベル）から450の位置にあるはずだけれど．ええと，ハンマーで叩いてみるか．（ボコ）・・・ああ，出てきた．ちょっとコンクリがかぶったみたいだね．

中川：この部屋はすべて通線できるね．それじゃ，始めようか．まずボックスすべてを掃除しちゃおう．

・・・二人でボックス内部を掃除する．

中川：よしIVを通すよ．よしスチール（入線工具）をまず通すから，向こうのボックスに電線を持っていって準備していてくれない．

電太：了解！

中川が入線工具をボックスの配管に入れる．

電太：（大声で）中川さーん！出ました！

⓭セーノ！ソーレ！通線は掛け声と共に（CD管通線）

電太，入線工具にIV電線をつなぐ．

電太：引っ張ってくださーい！

中川：セーノ！！

電太：ソーレ！！

中川：セーノ！！

電太：ソーレ！！

・・・

中川：オッケー！長さは大丈夫！切っていいよ！

電太：リョーカーイ！

中川：よーし次，行こう！

電太と中川は通線を続ける．

課長：どう，うまくいってる？

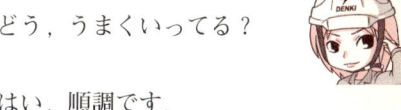

中川：はい，順調です．

課長：どれどれ，・・・ちゃんとボックスの中も掃除してるわね．掃除していないものが見つかると，あとですべて確認しなければならなくなるから．100箇所あったら100箇所，確認し直さなければならなくなるから大変，だから重要よ．あと，ここ複数の同色の電線があるけれど，表示がなくて大丈夫なの？

電太：あ，いけない！確認しておきます！

課長：通線したときにわかるように，電線に表示しておかないとあとで困るわよ．誤結線の元になるから，きちんと表示を付けて．

中川：すみません，すぐに確認して表示を付けておきます．

47

課長：あと，通りにくい所はなかった？

電太：今のところ特にありませんけれど．

課長：そう，電太がきちんと見てたのね．通りにくい所がある場合，入線用潤滑剤を使ったり，CD管の中に入ったコンクリートのかけらなどのゴミなら，エアコンプレッサーで吹き飛ばしたりするし，鉄筋に挟まれて完全につぶされていたり，だれかがアンカーなど打っていたりしたら，建築と打ち合わせたうえでハツリ作業をする必要があるときもあるのよ．

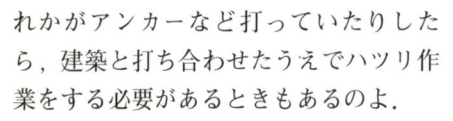

中川：それは面倒ですね．

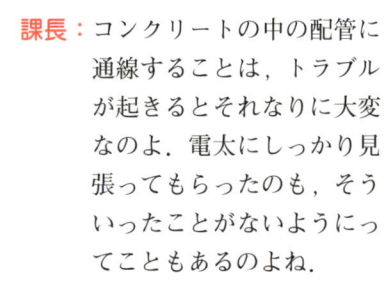

課長：コンクリートの中の配管に通線することは，トラブルが起きるとそれなりに大変なのよ．電太にしっかり見張ってもらったのも，そういったことがないようにってこともあるのよね．

電太：自分は今まで通線作業って単に電線を通すだけの簡単な作業って思ってましたけれど，実際は色々なことに気を使わないといけないし，二人で息を合わせないといけない大変な作業なんですね．

13 のポイント

① 通線はお互い声をかけてリズムよく行う．
② ボックス内は通線時に掃除しておこう．
③ 誤結線，誤配線がないように電線・ケーブルに表示をする．

14 重たい幹線，みんなで上げるぞ（幹線工事）

主任：現場では久しぶりだな，電太．頑張ってるって聞いてるぞ．

電太：最近は，品川さんに現場でしごかれてるので，なかなか一緒に仕事できないですね．

課長：だれがしごいてるって．

電太：あ，いたんですか・・・，いや，いつも優しく教えてもらってます・・・．

課長：そうでしょ，日本語が間違ってる．・・・久保田さん，向こうの現場が忙しいのに呼んじゃってすみません．

主任：なに，お互いさまって．こっちがまた幹線引っ張るときには電太たちにも手伝ってもらうから．

電太，中川：お願いします！

課長：あなたたち，なんかうれしそうよね・・・．さてと今日はEPSに電線を通すからね．外に電線を巻いたドラムがあるでしょ．あれを全部通すのよ．まずはドラムリールを通線する場所に運んで，ドラムローラにセッティングしてくれる．

電太，中川でドラムリールをセッティングする．

課長：さて，これはブランチケーブルと言って，前もって幹線の分岐箇所の接続がされているものね．このケーブルグリップというところを一番上の階のEPSの天井にぶら下げるわけ．さてと，それぞれは位置についてもらおうかしら．電太は久保田さんと一緒に一番上の階で引っ張ってくれる．それと中川さんは中間の階で中継の役割．ロ

こんなことまでやってる電気工事

ープを中間で引っ張りあげて，私は下の階で電線を送るからね．

各自配置につく．久保田主任，EPS天井についた滑車にロープを通し，EPSの床スラブの穴からロープをたらす．

主任：よーし，電太，中川，ロープを順々に下に送ってくれ．

電太，中川：了解！

電太，中川，各階に降りて順々にロープをスラブの穴に通していく．

中川：（二階から）品川さん！お願いします！

課長：いいわよ！さてと・・・（ケーブルグリップにロープを結ぶ）さていいわよ！各自トランシーバのスイッチ入っている？

主任：（トランシーバから）入ってるよ．

課長：じゃあ各自所定の位置についているわね！

中川：（トランシーバ）はい到着しています．

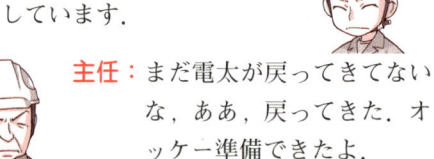

主任：まだ電太が戻ってきてないな，ああ，戻ってきた．オッケー準備できたよ．

課長：それではゆっくり引っ張って．セーノ！

主任，電太，中川：ソーレ！

課長：セーノ！

主任，電太，中川：ソーレ！

・
・
・

主任：ストップ！今，ロープをはずすから押さえておいてくれ．

電太：オーライ！

主任：よし！少し上げてフックに引っ掛けるぞ！よしオッケー．

課長：じゃあダクタで振れ止めして，ケーブルのまとめ処理をお願いね．

主任，電太，中川：了解！

それぞれが処理を終える．

課長：じゃあ，片付けて次の準備ね．

すべての作業が終了して．

⓮ 重たい幹線，みんなで上げるぞ（幹線工事）

ダクタ

振れ止め

貫通処理

主任：二人とも，ずいぶん段取りが良くなったな．

電太：いやあ，いろいろと鍛えられていますから．

課長：そうね，次の作業を予測してスムーズに準備できるようになってきているわね．今日みたいに，いろいろな人と協力しながら，皆で一つの作業を行う場合，きちんとコミュニケーションして，それぞれが自分の役割を認識し，何かが起きても連絡しながら状況に応じて対応できるといいのよね．・・・さてとあとはスラブの貫通処理をしなきゃいけないわね．

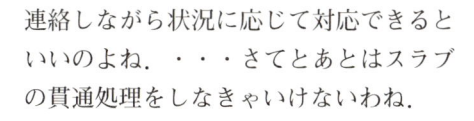

中川：結構いろいろありますね．

課長：まあね．幹線は配線で一番メインになるものだから，力も必要だし，細かな処理もいろいろとあるのよ．・・・今度は主任の現場も応援に行かないとね．

主任：二人とも，きびきびしていいな．ぜひ来てくれよ．

電太，中川：ぜひ行かせてください！

課長：ほんとに調子がいいんだから・・・

14 のポイント

① 皆で作業をするときは，指揮者の支持のもと，それぞれが役割を理解し，果たしていこう．

② 次の作業を予測しながら，段取り良く作業を進めよう．

③ 大きな作業のあとの細かな作業もおろそかにしない．

15 ゆるまず，きれいに テープ巻き（テーピング）

中川：どうもテーピングがうまくいかないな・・・

電太：中川さんもですか・・・，品川さんなんてピューってやって，パッパと終わらせちゃうじゃないですか．どうやってるのか，わからないけど，いつも早すぎて・・・．

中川：これを見てみなよ．これ，俺がやったやつ．何かダンゴみたいになってるけれど，こっちの品川さんがやったのはすごくきれいで，しっかり巻いてあるのに小さいんだよな．

課長：作業の手を止めてどうしたの？

電太：いや，俺たち，どうもリングスリーブのテーピング処理が苦手で・・・，そのコツというか，そういうのがあったら教えてもらいたいなと・・・．

課長：確かにあなたたちのテーピングはちょっと隙間(すき)が多くて，でかいわね．まあ，電気屋さんの上手い，下手ってテーピングを見るとわかるって言う人もいるけれど，恥ずかしくないテーピングをできるようにならないとね．よろしい，じゃあ，これからお姉さんが教えてあげるからしっかりと聞くこと．

電太，中川：イエス，マーム！

課長：まず二人とも巻いている様子を見せてご覧なさい．

二人とも独自の方法で巻く．

課長：二人とも持ち方が悪いわね．じゃあ模範演技を写真で見てみようか．

① 左手（利き腕の逆）で電線を持つ
少しテープを出しておき，テープの穴に右手の人差し指を入れる

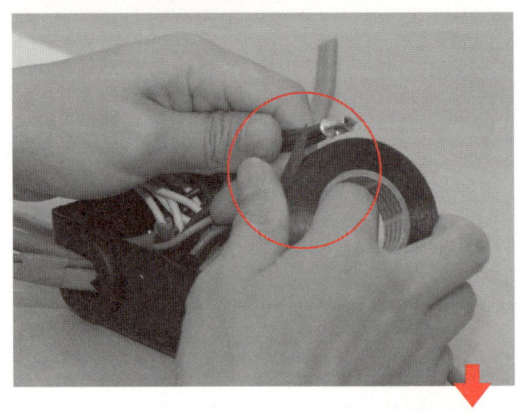

② テープの幅の半分〜2/3程度被覆にかぶるように，リングスリーブにテープを張る

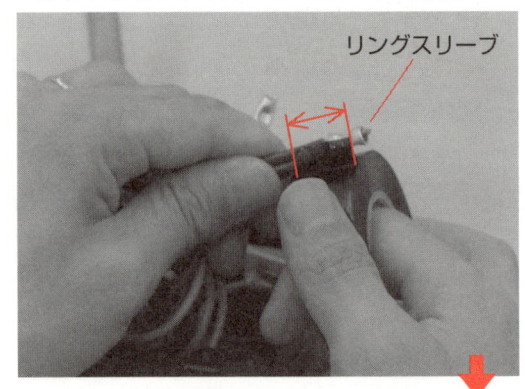

リングスリーブ

③ 滑らないように，テープを親指でしっかり押さえ・・・

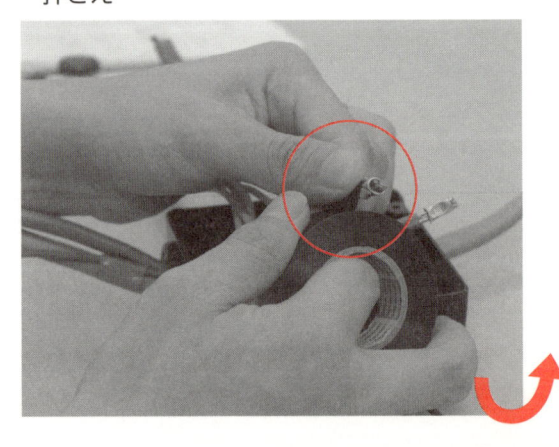

⑮ゆるまず，きれいにテープ巻き（テーピング）

④　引っ張りながら巻く．テープの幅が少し狭くなるくらいのテンションをかけると良い

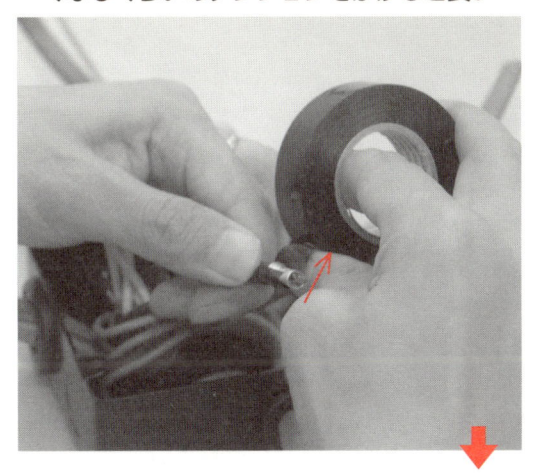

⑤　一回転した瞬間に押さえていた親指をどける

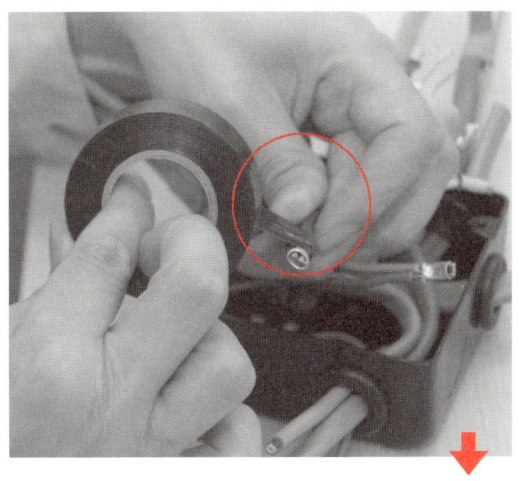

⑥　テープは短めに，回転によって自然に出てくるようにする

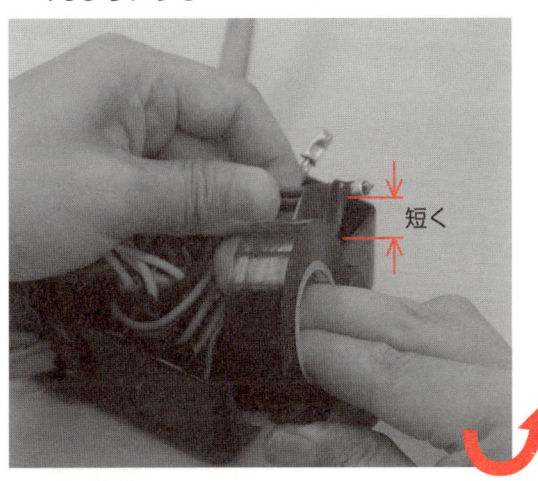

短く

⑦　テープの重ねは半分〜2/3程度

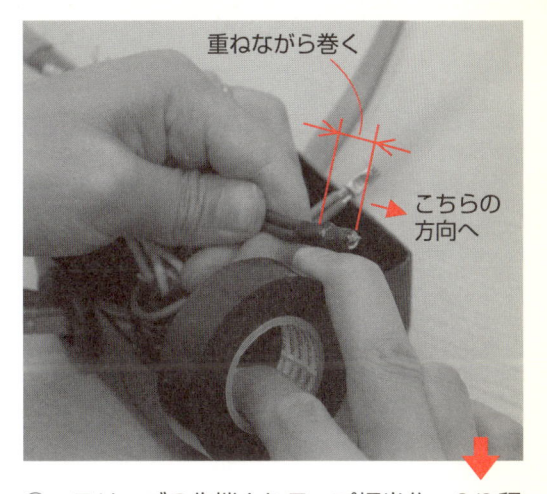

重ねながら巻く
こちらの方向へ

⑧　スリーブの先端よりテープ幅半分〜2/3程度余分に外側に巻く

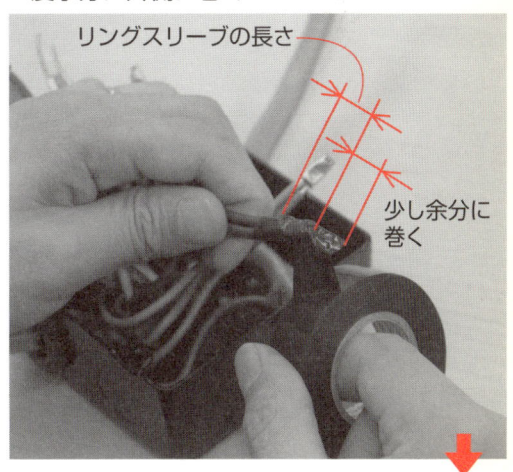

リングスリーブの長さ
少し余分に巻く

⑨　余ったテープを親指で折り・・・

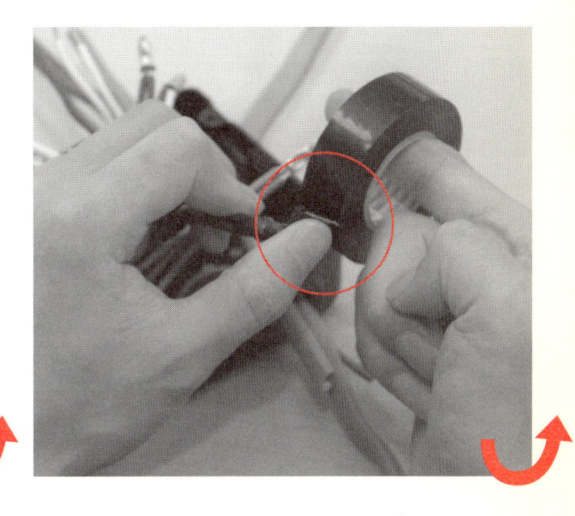

53

こんなことまでやってる電気工事

⑩　人差し指で押さえて・・・

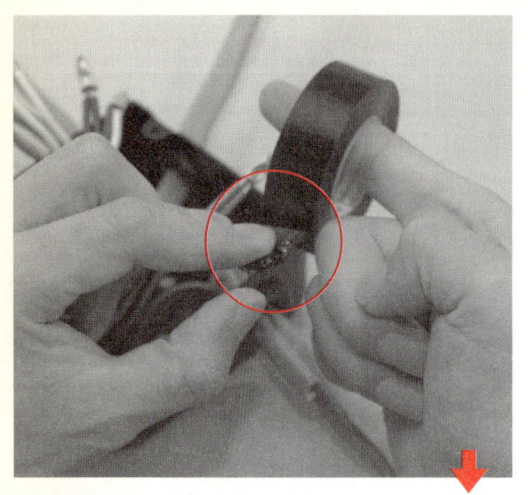

⑫　一往復判程度巻いたら

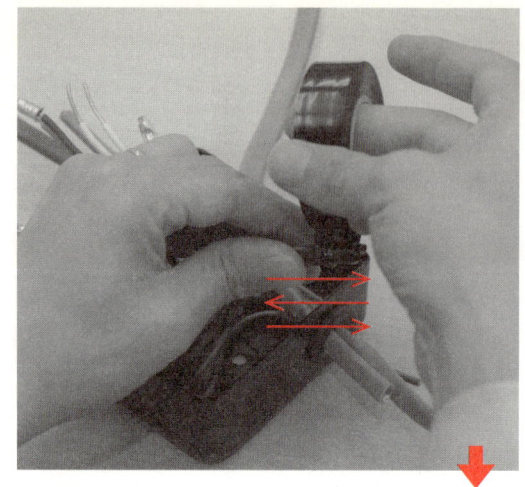

⑪　余分なテープも巻き込みながら元に戻る

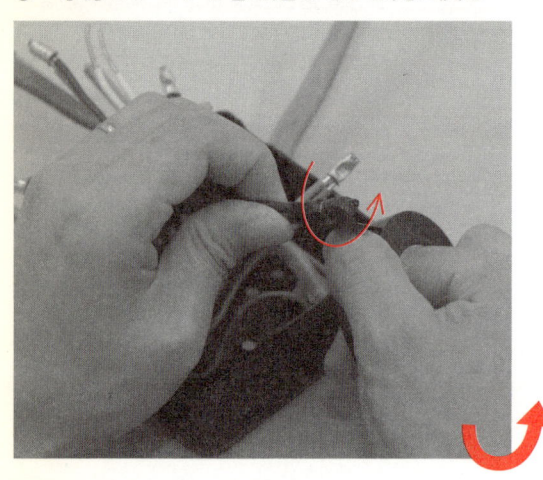

⑬　親指に力を入れて，テープを切る

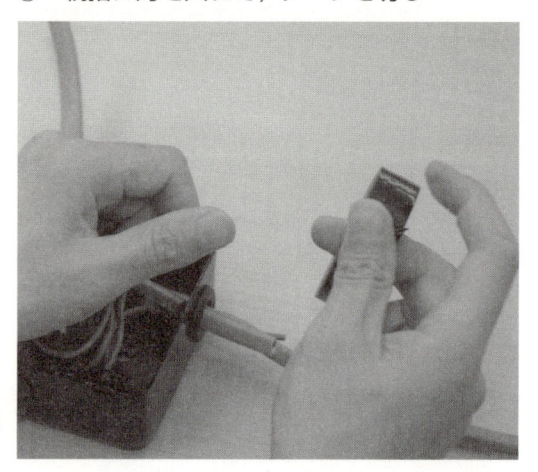

中川：へえ，きれいに巻けるものですね．
課長：すばやくすると，こうなるの．
　　　品川課長がすばやく巻く．
電太：チョッパヤですね！

課長：状況によっては一日何回も巻くからね．他にも自己融着テープの処理とか，冷媒管のテープ処理とかいろいろなテープの巻き方があるのよ．リングスリーブのテープ処理は基本ね．
中川：自分たちも練習しないといけないですね． 

今日のポイント

① テーピング処理はしっかり小さく巻けるようにする．
② テープ巻きは何度も行うので，すばやく巻けるように練習しよう．
③ リングスリーブのテーピング処理は，他のテープ巻きの基本になる．

16 コツコツ削ってはつり作業

課長：今日は，ここの墨出しした場所のはつりを電太にやってもらうからね．

電太：えっ！"はつり"って何ですか？

課長：要はコンクリートを削る作業．こういった既設の建物で電路を露出できない所は，ときどきする工事ね．またはコンクリート埋設配管の線を，別の業者の施工で切られたときのダメ直しでもやるのよ．できれば，やりたくない工事だけれど．

電太：大変なんですか．

課長：結構大変ね．粉塵が出て，汚れるし，騒音もすごい，力もいるしね．だから，建築や施主への確認，養生もしっかりしなきゃいけない．作業する人もそう，ここに一通りの防塵用具も準備してきたの．しっかり装着して作業しましょう．

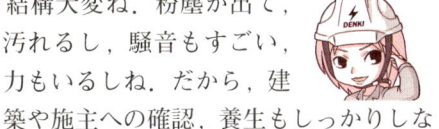

電太：いやあ，本格的ですね．

課長：さて今回の，はつる場所を説明するわね．この場所から，あそこまで線が引いてあるでしょ．これを16のCD管が埋め込める程度に削っていくから，最初に溝を掘る両側にグラインダで削る．粉塵がすごく出るから，きちんと防塵マスクとゴーグルをすること．じゃあまずそれをやってもらおうかしら．

電太：了解！

グラインダで削り始める．

電太：すごい粉塵ですね．もう真っ白で周りが見えない．

こんなことまでやってる電気工事

課長：そうでしょ，そうでしょ．電太の顔も真っ白になっている（あたしゃ，よけていたから大丈夫）．粉塵でゴーグルが見えにくくなったり，線が見えなくなったりするから，ときどき作業を止めながらやってちょうだい．

グラインダでの作業が終わる．

課長：さてと・・・これからがちょっと大変．ハンマドリルとセットハンマと，はつりのみを使って，はつっていくからね．まず最初に大まかにハンマドリルを使って削っていこうか．この防振手袋とゴーグルをしっかり着用して，さてやってみよう．

電太：結構重たいですね．うわっ！結構振動がきます．

課長：あんまりおっかなびっくりやっちゃダメよ．ちょっと貸して，こうしっかり握って，腰にも力を入れて．（ガガガガガ・・・）ハイ返すね・・・そうそう，上から削って横に進む感じ・・・そうね，そういった感じね．

電太：結構進みました．でも結構振動がきますね．

課長：そうね，だから安全のため一日2時間以上は作業しないこと．また連続作業は，10分以内で5分以上の休憩を取ることが定められているの．

電太：一日中やったら結構きつそうですからね．

作業を続ける．

課長：だいたいできたようね．ハンマドリルが入らない場所はセットハンマとはつりのみで削っていくからね．

電太，ノミを使って削っていく．ようやくはつり作業終了．

⑯ コツコツ削ってはつり作業

電太：何か，今日は腕がパンパンになった気がします．

課長：おつかれさま．今日は体力勝負だったわね．電気工事では穴掘りとかはつり作業とか結構大変な作業があるのよ．

電太：でも，終わるとちょっと「やった！」って感じですね．ちょっと腕も太くなりそうだし．

課長：ちょっとマッチョになったかしらね．終わったら出たガラの片付けと掃除．これがまた結構大変なのよ．これが終わったら通線している配管を埋設して，モルタルでふさぐ．最後の仕上げは左官屋さんにお願いしているから，結構手間になるでしょ．できるだけしない方向で工事するのわかるでしょ．どうしてもしなければならなくなったときも建築と構造に支障がないか確認し，他の工事業者の埋設物がないか確認して作業するのよ．

電太：電気工事っていろんなことをするんですね．

課長：さて，はつり作業が終わったら，今度はきれいに溝周りを掃除して配管の準備をしよう．

⑯ のポイント

① 電気工事ではときどき，既存のコンクリートを削るはつり作業がある．
② 作業中は防塵やかけらが飛ぶので対策をしっかりする．
③ ハンマドリルの使用は適正な時間で行う．

こんなことまでやってる電気工事

17 地球につなぐぞ接地工事！

課長：今日はまた穴掘りね．接地工事をやってもらうから．

電太：接地って，あのアースのことですよね．

課長：そう，A種接地工事だからちょっと大変ね．値を10オーム以下にしないといけないの．この接地板を埋めてもらうけれど，値が出なかったら補助接地も打ってもらうからね．

中川：補助接地って何ですか？

課長：補助接地というのはね，接地板でもし規定の値が出ない場合，別の接地棒を打ってリード線につないで，その値にするのよ．接地って土壌の状態などに強く影響を受けるから，場所によっては全然ダメなときがあるの．そういったときには何本か補助接地を打ってもらうからね．

電太：それでまた穴掘りするんですね．

課長：そう，がんばって穴掘りしてちょうだい！ユンボである程度まで掘ってあるからあと少し，この印を出した所から1 000くらいの深さまで，がんばれ！

電太，中川：ラジャー！

規定の深さまで掘る．

電太：品川さ～ん！掘り終えましたよ～！

課長：二人とも掘るのだいぶスピードアップしたわね．
・・・（メジャーで測りながら）ちゃんと深さもちょうどいいし．オッケー．そしたら，よいしょっと(接地板を運んできて)，この接地板を埋める．そしてリード線を出した状態で埋め戻す．

電太と中川，二人で埋め戻す

⑰地球につなぐぞ接地工事！

課長：・・・できたかな？そしたらこの緑のIVに接続して，接地抵抗を測ってみようか．よし，この計測用の線を伸ばして・・・補助極につないで・・・うーん，ダメだわねえ．よし，中川さん悪いけれど，このバケツに水を汲んできてくれる？接地抵抗低減剤を使うから．

中川：この接地抵抗低減剤って何ですか？

課長：これはね，土質によって抵抗の値が出ないときに水を混ぜて，接地極の回りにかけるの．そうしてより低い値を出すものよ．

電太：補助接地とか抵抗低減剤とか．接地工事って結構大変ですね．

課長：特にA種は低いから難しいのよね（中川，水を運んでくる）．よし，これを混ぜて，回りに振り掛ける・・・．ある程度，乾いたらもう一度計測するわよ．

電太：了解！

課長：もうちょっと抵抗の値を下げないとダメだわね．よし，この辺に補助接地を打つわよ．接地棒とセットハンマーと大ハンマー持ってきて．

電太：この辺ですか？

課長：その辺でいいわよ．じゃあ最初セットハンマーで少し入れようか．

セットハンマーを使って打ち込んでいく．

中川：なんか入りにくくなってきたんですけれど．

課長：そしたら大ハンマーを使おうか．中川さん，接地棒がぶれないように押えて．手だと危ないからスコップを使ってちょうだい．電太は大ハンマーを使って打ってくれない．

電太：大ハンマーだと結構入っていきますね．でも重たいからねらいを定めるのが結構大変．

課長：本当はハンマードリルに付けて打ち込む，とても便利なアタッチがあるんだけれど，部長の現場で使ってるらしいのよ．で，若くて元気な君たちに

59

は，こういったもので少し苦労してもらおうと思って．

電太：いや，もう十分苦労してます・・・（ようやく打ち終える）．

課長：よし，それじゃあもう一度，リード線とアースの線をつないで計測するわね．

二人とも接続と計測の準備をする．

課長：（接地抵抗計の値を確認して）よし，これくらいなら大丈夫．検査があるときにも十分値が出ると思うわ．

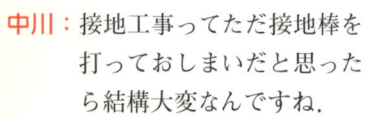

中川：接地工事ってただ接地棒を打っておしまいだと思ったら結構大変なんですね．

課長：そうね，今回はすぐに出たほうよ．また出なかったら，接地棒を連結してさらに深く打ち込んだり，また別の場所に打ち込んだりして値を出すのよ．

電太：こういった，普通の人にはわからない場所でも，うちらはこんなに苦労して工事してるんですね．でも，この工事は電気を使うすべての人のためにも，とても大切な，不可欠な工事なんですよね．

課長：あら，電太，良いこと言うじゃない．接地の必要性って普通の人たちには説明しにくいけれど，でもすごく重要な工事ってことを理解してもらえるようになるといいわね．

17 のポイント

① 接地工事は規定の値にするため，抵抗低減剤や補助接地を使うこともある．

② 大ハンマーで接地棒を打ち込むときは十分に注意して行う．

③ 接地工事の理由や重要性を認識する．

18 正確に出そう！墨出し（その1）

課長：今日は墨出しをするからね．この墨出しって地味に見えるけれど結構重要よ．これをミスしたりすると，あとで手戻り工事をしなくちゃいけない，お金にならない余計な仕事が発生するの．工事のやり直しばかりではお金にならないでしょ．

中川：自分たちの給料分の仕事ができなくなる．

課長：そうなっちゃうわよね．だから必ず最新の施工図で，確認しながら作業するのね．そして変更があったら即，その場でやり直すこと・・・．まずはこの間仕切りの配線器具からやるからね．

電太：間仕切りって，後からできる壁のことですよね．

課長：そう，まだ何もなくて，ただっ広いけれど，床をかさ上げして，間仕切壁もできると部屋らしくなるから，それをきちんとイメージしながら墨出しできればベストね・・・．さてと，まずこの間仕切りの墨出しからいこうか．墨出しをする場合，同じ値を繰り返し使うことがあるから，最初の墨出しが肝心なのよ．最初，間違えると次のも同じように繰り返し間違える．だから一番最初は特に注意して，確実にね．

中川：わかりました，この施工図のとおり，注意してマーカーで出します．

課長：お願い．頼んだわよ．

二人で墨出し作業をする．

中川：あれ，これおかしいぞ．

電太：どうかしたんですか？

こんなことまでやってる電気工事

中川：このトイレ，向こうのトイレとカガミ（左右が対称になっていること）になっているじゃない．

電太：そういえば左右逆ですね．

中川：このウォッシュレット用のコンセントだけれど，これも同じように逆になっている．

電太：何か，それが問題でも．

中川：コンセントが右にあるんだよ，でもウォッシュレットの電源って普通は左にあるものなんだよ．たとえ設置されるウォッシュレットのコンセントが右だったとしても両方のトイレが同じ側にコンセントがないとおかしいだろ．確認しておかないと．

電太：え，そうなんですか？今までぜんぜん注意してなかったですけれど．

課長が来る．

課長：何か問題でも？

中川：このコンセントの位置なんですけれど・・・

課長：あら，向こうは左で，こっちは右になっているわね，ちょっと待って聞いてくるから．

課長が戻ってくる．

課長：すごく小さいことのように見えるけれど，後でやり直すとなると大変だから念のために確認したら，やはり左側に統一ということで．後で施工図を作り直すから，それまで，その施工図にきちんと今の修正を書いておいて．

電太：そういったことも知っておかなければならないんですね．

⑱正確に出そう！墨出し（その1）

課長：そうね，最初に疑問点のすり合わせをするんだけれど，落ちてたのね．他にも，別の設備との取り合いとか，いろいろな問題が起きれば，調整や変更があることもあるのよ．でも中川さん，さすがよく気がついたわね．まさに施工後をイメージしながら墨出ししている．

中川：自分もSEやってたときに，これと似たようなことがよくあって，事前に疑問点をつぶしてましたから．

課長：さすが社会人の経験があると違いますね．電太もこういった姿勢で仕事をするのよ．

電太：は，はい．コンセントの位置にもいろいろ意味があるんですね．

課長：そうよ，コンセントやスイッチが扉の陰に隠れるような指示が出ていたら，すぐに「おかしい！」って気がつかなければいけないしね．

電太：なるほど，施工後をイメージしながら墨出しするって本当に重要なんですね．

課長：それでは，残りの墨出しもお願いね．

墨出し作業が終わる．

課長：終わったみたいだけれど，きちんとチェックした？

中川：はい，電太くんと確認しています．

課長：オッケー．じゃあ私も最後の確認をするから，次の仕事の段取りをお願いね．

⑱のポイント

① 正確な墨出し作業は手戻りを防ぐために重要！
② 施工後をイメージして墨出しを行う．
③ 変更は確実に対応し，最後の確認を必ず行う．

19 正確に出そう！墨出し（その2）

課長：あらら，これやったのだれ？

中川：天井のボードの墨出しですか？自分と電太くんと二人で出しましたけれど，何か不正確な部分とかありましたか？

課長：いや，正確さじゃなくて使っている道具．マーカーと墨を使ってるじゃない．だめよ，こういったものを使っちゃ．

電太：え，マーカーとか墨つぼを使っちゃいけないんですか．

課長：だめよ，言わなかったかしら？こんなに黒くて目立つもので墨出しをしたら，クロス（壁紙）を張った後に

⑲ 正確に出そう！墨出し（その2）

墨出しした跡が見えちゃうのよ．必ず，鉛筆と，墨つぼなら，粉チョークのものを使わないと，後が大変よ．

中川：すいません，よくわかっていませんでした．

課長：まあ，とりあえず消しておくけど，次の墨出しは気をつけて．

電太：さっき，チョークの粉がついた墨つぼを何で渡されたかわからなくって，別に車まで墨の入った墨つぼを取りに行ったんですけれど（涙）．チョークの粉の墨つぼは，こういった所に使うものだったんですね．

課長：そうね，コンクリートや型枠など後で見えなくなる所は，鉛筆やチョークの粉では消えてしまいやすいから，マーカーや墨を使うけれど，こういった仕上げのボードではこっちを使う．要はその場所，その場所に合わせて，墨出しの道具を変えないといけないのよ．

電太：墨出しの道具までいろいろと気を使わないといけないんですね．

課長：さて，じゃあ実際に墨つぼで線を出してもらおうかしら．

① 出す直線の両端の位置を決める．天井の場合，床に墨を出してレーザーポインタか下げ振りで天井部に墨を上げる（しるしを出す）．

② 一人がカルコ（墨つぼの糸の先についている針）を持って片方の端部に行き，カルコをそこに刺し，落ちないように押える．

③ もう一人がピンと糸を直線に張った状態で，もう片方の端部にぴったり合わせる．

④ 墨つぼを持っているほうが糸をはじく．まっすぐのラインを引くことができる．

レーザー光
レーザーポインタ

こんなことまでやってる電気工事

⑤　ラインを引き終わったら，一回巻き取る（次の墨出し用にチョークの粉や墨を糸に付着させるため）．巻き取るときは絡まったり，カルコの針を体に刺したりしないように注意！

課長：ばっちり直線引けたわね．あとはこの線を基準に照明の穴の墨出しをするのね．

電太：いや，この墨つぼって本当に便利ですよね．

課長：墨つぼは昔から大工さんが使っている道具ね．東大寺の梁にも置いてあったというからすごいでしょ．それをまた我々電気工事が使うというのが面白いところね．

中川：でも，電気工事をやっていると，いろいろな墨出し作業をしますよね．

課長：そうね，他にも水糸やテープを使ったり，同じ基準を連続して出すためのバカ棒を自作したり，いろいろな場所・用途で工夫しながら墨を出していくのよ．墨出しは，単に測ってしるしを出すだけの単純な作業ではなくて，重要性も高い，効率を上げるためのテクニックのいる作業なのよね．

19 のポイント

① 墨出しの道具は状況に合わせて選ぶ．
② 墨出し作業も効率を上げるテクニックを覚える必要がある．

コラム②

電気工事士一日現場密着！

実際に電気工事士は現場でどういった仕事をしているのか，その一日をのぞいてみましょう．

AM 8：00

現場で建設に携わる，すべての人とラジオ体操．体を十分ほぐして事故を防ぎます．

腰をしっかり曲げましょう

AM 8：10

朝の朝礼，今日の作業と作業に当たる人数を報告し，監督から今日の注意点を聞きます．

以上が今日の予定です！

AM 8：20

TBM（ツールボックスミーティング）と言われるミーティング．ツールボックス（道具箱）の近くで一日の作業を確認し合ったことからつけられた，このミーティングで，電気工事士が集まって今日の作業を確認しています．

今日の作業もお願いします！

AM 8：30

いよいよ作業です．この班では，鉄筋を組んであるベニヤの上でスリーブ（金属の筒）を入れる作業をしています．このあとコンクリートが流され，スリーブの部分が穴となって，太いケーブルが通れるようになります．

スリーブ

同じく，鉄筋の近くでの作業．壁の部分に電線が出られるように配管をしています．このような作業をスラブ（天井や床となるコンクリートの板）作業と言います．

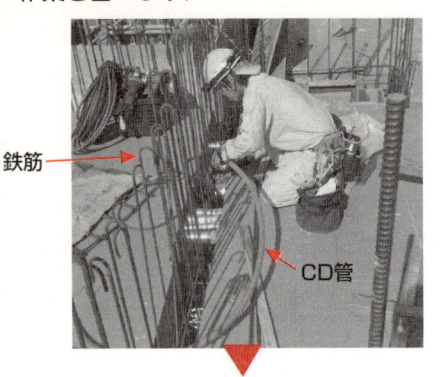

鉄筋
CD管

こちらの班は，すでにできている天井や壁の骨組み（軽量鉄骨と言います）の中にボックスを入れ，その中にケーブルを通します．それぞれのボックスが後にコンセントやスイッチになるのです．

軽量鉄骨
スイッチボックス

施工図はどのような工事をすべきかの指示書のようなものです．しっかり読んで作業をします．

施工図

後で，壁はふさがれ電線の行き先がわからなくなります．そのときのために，マジックで行き先を書いておきます．

マジック
VVFケーブル

AM 10：00

休憩時間です．体を休めながら次の作業に備えます．

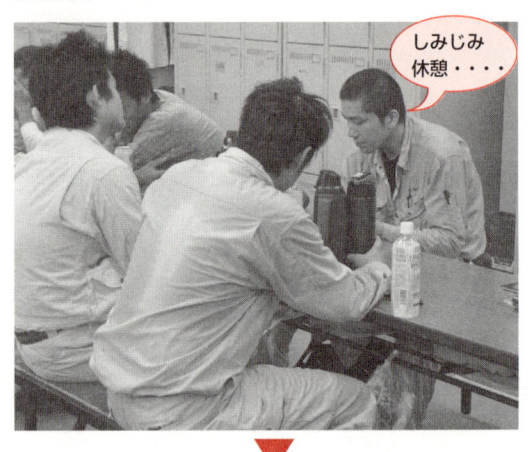

しみじみ休憩・・・・

AM 10：15

作業の続きです．前もって，電線の接続を済ませてある，ユニットケーブルを使って配線します．

作成したユニットケーブル

天井に取り付けたジョイントボックス（アウトレットボックス）。ここを中心にしてケーブルを各場所へ配ります。

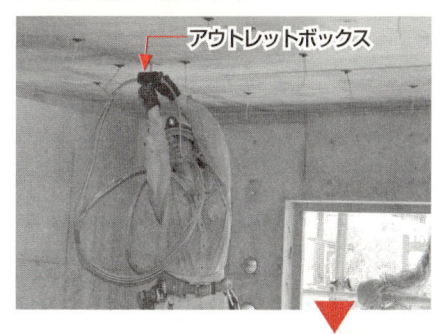

アウトレットボックス

ケーブルの配る先も施工図を見て確認します。

施工図

PM 12:00
間もなくお昼です。お弁当が食べられるのを待っています。

PM 1:00
午後の作業開始です。
コンクリートを打つ前に天井に取り付ける物（ジョイントボックスなど）の位置を出しておきます。

メジャー

配線の作業も開始です。ジョイントボックスを付けながら、配線していきます。

ひもがついている
円盤

配線の先には止めるために円盤に結束ひもがついています。これを使って配線します。

軽量鉄骨の壁や天井（間仕切りと言います）作業の班も配線を開始しました。

こちらでは、情報配線の配管をしています。

保護管

スラブ配管です．鉄筋の上の足場の悪い中，鉄筋の間を配管していきます．

スイッチボックスの中にVVFケーブルを入れています．低い場所にはコンセントなどが付きます．

VVFケーブル

ジョイントボックスでもこんなに大きな物を取り付けることもあります．

PM 3：00

3時休憩です．いよいよ最後の作業，その前にしっかりと休みます．

一息つけたかな？

まあね

PM 3：15

休憩も終わり，配管作業再開です．

間仕切り作業も開始，壁・天井内の配管も行います．

配線作業も再開，配線もたくさんぶら下がっています．

今日一日お疲れさまでした！

取材協力：前田建設工業，電成社

完成に向けての仕上げ工事

完成に向けての仕上げ工事

20 実戦！屋内配線作業

課長：さてと，先ほどの部屋で配線の仕方はだいたいわかったわね？ではこれからは二人で配線をお願いね．私は電気室のほうにいるから．

電太，中川：イエス，マーム！

配線作業を開始する．

中川：分電盤に最初に入る，2ミリのVVFの幹線を最初に配線しようか．3芯のケーブルと通線用の道具を準備しよう．

電太：大丈夫ですよ，中川さん．もうすでにすべて準備できてますよ．

中川：さすがに段取りがいいね．分電盤に入るケーブルが全部で8回路だから，これを順番に配線するけれど，遠いところからやっていこうかな．

電太：え，近くからやんないんですか．

中川：こういったところに性格が表れるね，電太は楽なところから物事をするほうじゃない？まあそういったやり方もあるんだろうけれど，遠いところを先に配線したほうが同方向に行く配線を束ねられるので，まとめやすいんだよ．またきれいに配線できる．

電太：いやそこまで考えてなかったですよ．先に遠いところに配線していれば，それを使って結束したりもできるんですね．

中川：もちろん，あまりたくさん結束しすぎると熱がこもることもあるから本数には注意をしないとね．じゃあ，コンクリートの天井にある円盤サポート（コンクリートに埋めてある結束線を止める溝がある円盤）のルートをたどって配線しようか．

⑳実戦！屋内配線作業

遠い所から・・・・

VVFの幹線の配線を終える．

電太：じゃあ，幹線に全部番号をマーカーで書いておきますね．

中川：よし，こちらはジョイントボックス回りの配線をしておくよ．テンロク（1.6mm）のケーブルをもらっていくよ．

課長：あら，だいぶ順調みたいじゃない．

電太：任せてくださいよ．速攻で終わらせちゃいますから．

課長：頼もしいわね・・・とほめる前にこの分電盤へのケーブルの表記は良くないわね．

電太：げっ，早速ダメ出しですか・・・．

課長：このケーブルの先に一箇所だけちょこっと数字が書いてあってもわからない．ペンキを付けられたり，消えたりすると，またテスターで探さないといけなくなるでしょ．こういった表記はもう少し上のほうに裏表でしっかりと書かないとね．わからなくなると意外にあとで面倒よ．こういったことをおろそかにしていると．

電太：自分で見てわかるんならそれでいいのかと思ってたんですけど・・・，いろいろあるんですね．

中川：自分の場合もありましたよ，マーカーでケーブルの先のほうに表記したあとに，作業がしやすいように長さを整えたら，表記してあるほうを切っちゃって．共用盤だったから，テスターでかなり遠くの場所まで行って確認しなければならなかったよ．

電太：それはすごく大変ですね．そうならないように，ちゃんと書いとこうっと．

課長：中川さんの配線はジョイントボックス周りもきちんと書いてあるわね．ケーブルへの書き方は参考までに表を見て．これをきちんとし

完成に向けての仕上げ工事

ケーブルの表記（例，会社によって異なります）		
場所(行き先)	明示すべき内容	表記例
分電盤	回路番号	① ② ③ ④
電源，電源送り，コンセント	電源	電源 ＋－ ⑪
スイッチ	スイッチ番号	イSW ロ●
負荷	負荷番号	イ照明 ロ◯
接地線	接地線	E
3路スイッチ，4路	スイッチ番号	ハ3● 4路SW
同一ケーブルで異なる用途は色と一緒に表記		コンセント，赤二●

ていないと結線作業でもそれぞれ確認しないといけなくなるわよね．あと間仕切りの壁ができることも考えて，邪魔にならないようにきれいにまとめておいてね．

中川：了解しました，ビニールテープでまとめておきます．

電太：やっと完成！全部配線終わりました．

課長：よし，一応施工場所を確認しておこうかな．必要な材料・工具は次の作業場所に運んでどんどん作業を進めてくれる．

電太：でも中川さんと仕事をすると，すごく仕事が速くできるんですよね．

中川：いや電太くんも段取りがすごくいいからね．

課長：そうね，息が合った仕事って重要だからね．名コンビとしてこの現場でも大活躍してほしいな．

20 のポイント

① 効率の良い配線順序を考えよう！
② ケーブル配線の表記方法には注意！
③ 一緒に作業を行うパートナーとは息を合わせよう！

21 配電盤を取り付けよう

主任：今日は配電盤を取り付けてもらおうか．電太は以前，俺と取付け作業をしたことがあったし，品川さんとも一緒に作業して，だいたいできるようになっているって聞いている．中川さんもこの前，一緒に作業したら，もうほとんどわかっているようだな．

中川：だいたい大丈夫だと思います．

主任：よし，二人に任せるからな．最初は確実に作業すること，いいな．わからないことがあったら聞きに来てくれ．

電太，中川：はい！

盤を運んできて段取りを開始．

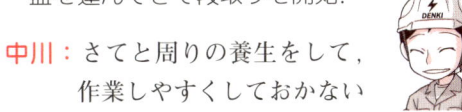

中川：さてと周りの養生をして，作業しやすくしておかないとね．どの辺に盤の中身とふたを置いておこうか．

電太：この辺だったら，通路から離れているし，広いから作業もしやすいみたいですね．ここを養生します．

中川：そうしたら，中身を確認して，ばらす準備をするから．

養生が終わる．

中川：じゃあ中身とふたをそれぞれ並べるね．終わったら盤の外側の加工をしようか．

盤のビスをはずす．

中川：あれ電太，ビスの数が足りないけれど．

電太：え，あ！そう言えばない！はずしてよけておいたんですが・・・

完成に向けての仕上げ工事

中川：それは困ったなあ，予備のビスがないからねえ．

電太：ちょっと探してみます（と身をかがめてあちこち見てみる）．

中川：ちょっと単純なことだけど，腰袋を調べてみた？

電太：腰袋？（腰袋を探る）あ！ありました・・・良かった・・・

中川：つい，照明器具や配管をするときの癖が出たんだね．電太はいつも腰袋に入れる癖があったから．

電太：そこまで見てたんですか，自分ではまったく記憶に無くて．

中川：またビスをなくすといけないから，外し終わったら，また同じ所に挿しておこうかね．

外し終わる．

電太：盤の加工ですね．

中川：そうだね，固定するための穴と配管用の穴を両方あけるから準備しようか．まずは固定用の穴から．

盤を裏返し，墨出ししてドリルで穴をあける．

中川：電太くん，さっきのことで動揺してるのかな．ドリルが振動になっているよ（振動モードはコンクリート用，切替えレバーがある）．

電太：ありゃ，変な音がすると思ったら・・・

中川：あわてない，あわてない．初めてやるんだから確実にって言われたじゃない．

回転モードに切り替えて穴あけを終える．

中川：さて次は二手に分かれて，電太はアンカー用の穴をコンクリート壁に，自分は配管用の穴をあけようか．

電太：今度こそ振動ですね．

㉑配電盤を取り付けよう

水平器

中川：（笑）大丈夫だよ，いつもどおりでやれば．

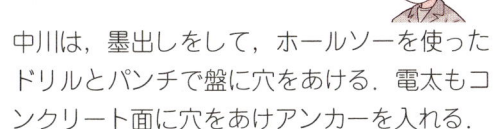

中川は，墨出しをして，ホールソーを使ったドリルとパンチで盤に穴をあける．電太もコンクリート面に穴をあけアンカーを入れる．

中川：よしこちらは準備オッケー，盤を取り付けられるかい？

電太：大丈夫です．

中川：そうしたら一緒に運ぼうか

配電盤を取り付け終わり，養生する．

主任：お，だいたい終わったようだな．曲がりも（水平器で見る）大丈夫と．ちゃんとできたな．

電太：いや，いろいろと足を引っ張っちゃったんですが・・・．

中川：いや，初めて二人でやったんで，ちょっと手間取っただけです．

主任：まあ小さな失敗はだれでもあるから，それをきちんとカバーできれば大丈夫．また同じ作業を繰り返すうちに徐々に慣れてくるから，あんまり小さなことはいつまでもくよくよと気にしないことだな．

21 のポイント

① 配電盤を傷つけないように加工場所の選定や養生はしっかりやろう．

② ビスなど小さな備品の扱いは要注意．

③ 繰り返す作業から，効率が良い方法を考えていこう．

完成に向けての仕上げ工事

22 課長の電工修行時代

課長：現場が終わって，ちょっと落ち着いたわね．中川さん，どう，だいぶ慣れた？

中川：いや，最初はどうなるか心配でしたけれど，思ったよりやりやすかったですね．むしろ，覚えたことをいろいろ任せてもらえるようになってきたので，だんだん現場が見えてきたような気がします．

課長：電太は？

電太：中川さんと二人で任された部分をどう納めるかをよく話し合うんですよ．今までは教えてもらっていたけれど，自分たちで考えなければいけない．以前よりも真剣に「自分たちで現場をうまくまとめるんだ」という気持ちで仕事に取り組んでいけるようになった気がします．

課長：そうなってくるとだんだん現場が面白くなっていくわね．山本部長も久保田主任もそういうふうになってほしいなってよく話し合っているのよ．

電太：え，そうなんですか！

課長：君たちが「仕事が面白い！」ってやる気を出してもらうのがわれわれの仕事．私もそうやって現場に慣れてきたから．最初は大変だったかもね．現場は男性ばかりで，また久保田さんはあのとおり無口なタイプで教えてくれやしない．

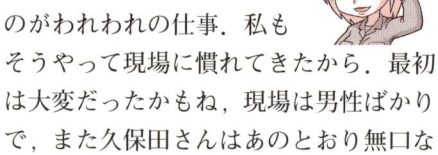

電太：課長が，こういった業界に入ってきたのは一体どうしてですか．

課長：もともと，小さな設計事務所で事務と建築のCADオペレータをしていたんだけれど，実際にこれがどうなるのか見たくなったってのがあるわね．どうも図面上で見ているだけではつまらない．そもそも実物がわからないで描いているのもよくないなと思って，実際に現場に行って，いろいろ見させてもらったのよ．地下ピットを見せてもらったら，ラックで縦横無尽に幹線が走っているのを見て，すごいなと思っちゃったわけ．そのときに，たまたま時間があった山本部長が監督と一緒に説明に来ていて，人

㉒課長の電工修行時代

手不足で大変だというから，女性でもできるのかと聞いたら，できるというじゃない．現場に興味があるんなら，うちの会社はいつでもウェルカムだから，と言われちゃったのよ．それで転職してしまったというわけ．
中川：チャレンジですね．
課長：だから，施工図を皆で力を合わせて現実化していく過程をずっと見ているとね，ちょっとワクワクするのよ．
電太：自分も最初に図面の読み方を教えてもらって，現場で何をしてるかがよくわかるようになったんです．
中川：でも，自分は現場になかなか慣れなくて苦労したんですけど，すぐ慣れました？
課長：まあ，そんなに簡単に慣れなかったわね，正直言って．あるときなんて現場でセクハラまがいのことを言われて，すごいショックで．そしたら普段無口の久保田さんが真剣に怒ったの．相手は黙っちゃったけれど．うちは会社の方針として，人を大切にするのね．仕事以外の余計なことで大事な社員に苦労をさせたくないって，うちの社長も言っているけれど，本当に良い会社に入ったなって思ったわね．

中川：さすが久保田主任ですね．見た目怖そうだけれど，本当は部下思いですから．
課長：あの人は，任せながら徐々に覚えさせるみたいね．気づいたら，結構仕事ができるようになっていて，現場をまとめる仕事も任せてもらえるようになったのよ．自分で自分の現場をまとめられるようになると，仕事の醍醐味が味わえるようになるわけ．完成させたとき「やった！」ってガッツポーズできるじゃない．
電太：早くそういうふうになりたいですね．資格はどうしたんですか．
課長：資格試験の勉強も仕事をしながらだったから大変だったけれど，うちの会社毎月「電気と工事」取ってるでしょ．それを見たり，標準解答集を見たり，教えてもらったりしながら覚えたのね．幸い鑑別は倉庫に行けば全部見られるし，毎日現場で使うものでしょ．第二種電気工事士は比較的簡単に取れたかな．一種と電験三種，1級施工管理技士も取ったから，だいぶ電気についてわかってきたかな．
電太：電験三種ですか・・・，いや自分は学生時代に受けて落ちましたけれど．
課長：電気工事はね，未経験だとしても，きち

完成に向けての仕上げ工事

んと勉強していけば，レベルアップしていくことができる仕事だと思うわね．何もしなくて言われたことをただやっているだけでも現場は回っていくけれど，それだけじゃ面白くない．接地工事一つ取っても，その理由や理論をきちんと知っているのと，いないのでは大きな違いが出るから，それがわれわれが持つ技術で，まだまだ勉強中よ．

中川：自分もレベルアップしていきたいですね．仕事をしながらだと結構難しいこともあると思いますが，そうも言ってられないですね．

課長：会社も資格取得支援を積極的にしているから，ぜひがんばってほしいわね．

電太：お子さんが生まれるようなことがあったらどうですか．

課長：最近，会社でもワーク・ライフバランスっていう考えを導入できないか検討していてね．要は男女関わりなく，子育てと仕事を両立させる環境を会社でも作れないか，経営的な観点から探ろうとしているわけ．建築との絡みがあって難しい部分もあるんだけどね．私も子どもが生まれたら，優秀な後輩に一時バトンタッチして，ひと段落したら，今まで身につけた技能や技術を生かせるように復帰できたらいいナと思っているんだけれどね．

中川：安心してバトンタッチして，復帰までしっかり預かれるようにがんばります！

課長：ありがとうね．まあ，これはこれからの業界の課題ではあるわね．これからの若い人や女性が業界で活躍するようになるには，こういった課題を真剣に考えていかないといけないと思うわね．

22 のポイント

① 自分たちで現場をまとめようと意識すると，仕事は面白くなる．
② 資格取得など，技能・技術を向上させる手段がある．
③ より働きやすい職場にするため，皆で知恵を出し合おう．

23 ビスに打たれるな！間仕切り配線作業

課長：さて，この階は来週からボード屋さんが入ってくるから，配線を決めていかなければいけないわねえ．よし今日も二人で組んで，部屋の配線を決めていってくれない．

中川：何か，注意点はありますか．

課長：そうね，軽鉄間仕切り工事[※1]って木間仕切り[※2]に比べて絶縁が悪くなる可能性が高いのよ．だから，金属と接触する部分にはよく注意して．電線が傷つかないように，必要な所にはブッシング（傷を防ぐカバー）を必ず入れること．また，ボードを止めるビスに打たれにくい所を配線することが基本ね．できるだけ軽量鉄骨内への配線は避けたほうが賢明．万が一，ビスで打たれたときのことも考えて，ある程度ゆるめに配線しておけば，ケーブルのほうが逃げるから．また少し刺さった程度なら，下から引っ張ってビスが抜けることもある．ぴんと張って固定して動かないようだと，ビスが打たれた場合あとが厄介だからね．最悪の状況も考えて，対応できるように．

※1 軽鉄間仕切り工事…LGS工事とも呼ばれ，薄い鋼板を加工した軽量の亜鉛めっき鋼板で壁や天井を構成する石こうボードの下地を作る．鉄骨（SC）造や鉄筋コンクリート（RC）造に多い．

※2 木間仕切り…材木を使って壁や天井の下地を作る．SC造やRC造でも使われる．

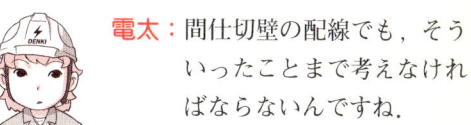

電太：間仕切り壁の配線でも，そういったことまで考えなければならないんですね．

課長：そうね，クロス（壁紙）が張られたあとに，何か問題が見つかると，にっちもさっちもいかなくなってアウトだからね．結構神経を使うのよ．

中川：そういえば，この間は私のミスで，ボード屋さんとクロス屋さんにお金を払って直してもらう羽目になりました（涙）．

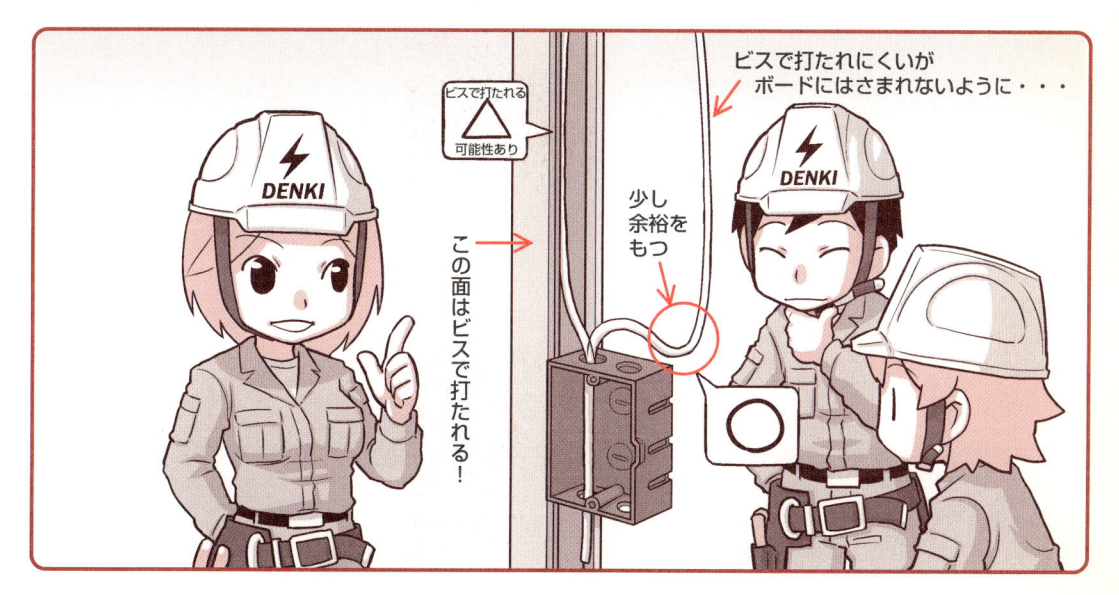

完成に向けての仕上げ工事

課長：まあ，授業料を払ったと思って，一ついい勉強したわけね．それでは今言ったようなことを気をつけて，また上下で作業しないように，配線をお願いね．

電太：イエス，マーム！早速，取りかかります！

電太と中川が配線を開始．

中川：では各場所にスイッチボックスを取り付けて，配線をしていこうか．じゃあ僕がボックス取付け箇所に墨出しして，ボックスを配るから，取付けをよろしく．

電太：じゃあ，自分は高さ出し用の棒を作って追っかけていきますね．

中川が墨出し，電太がボックスを取り付ける．

中川：よし，ボックスの取り付けが終わったら，配線と結線と配管をしよう．

電太：情報配線と電話配線は配管が必要ですからね．

中川と電太，二人で分担して配線，結線と配管を行う．

中川：配線も結線も完了．それじゃあ，盤の所で導通確認と絶縁の確認もするから．

電太：了解，じゃあ幹線は分電盤の若い番号順に，スイッチはイ・ロ・ハ順で確認していきますね．

課長：調子はどう？

中川：あ，課長，確認を終えて，掃除が終われば，まもなく終了です．

電太：ここのスイッチもオッケー，絶縁の問題もありません．

課長：ちゃんと確認してえらい！この段階で何もなければ，あとで不良が出たときに原因特定しやすいからね．あと高さと位置はどう？

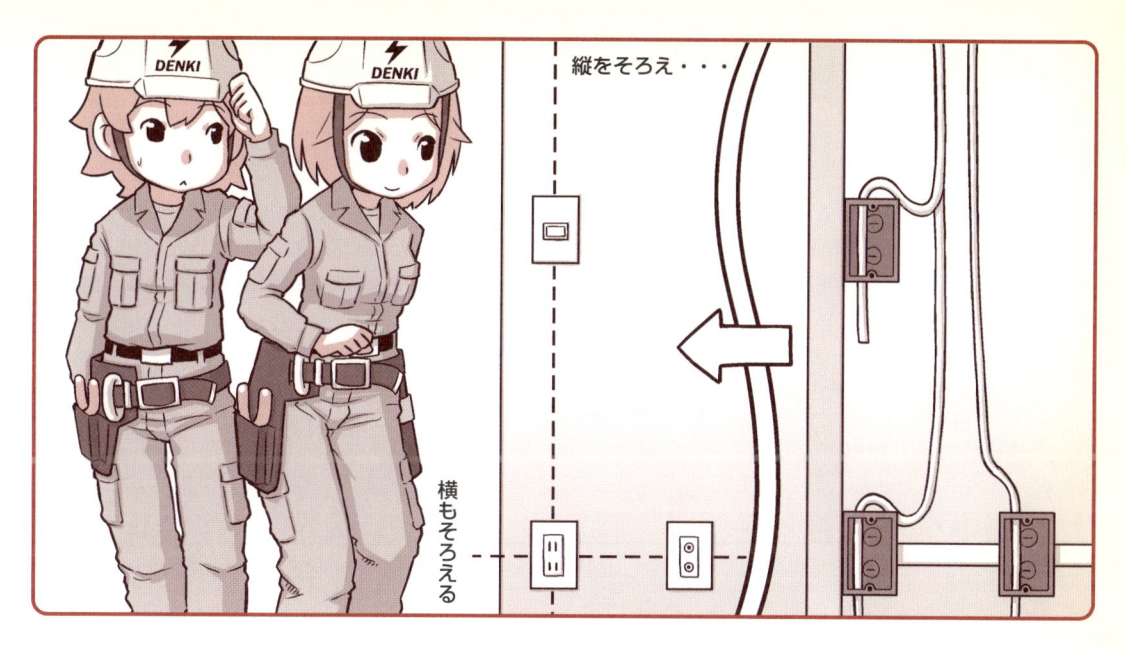

㉓ビスに打たれるな！間仕切り配線作業

縦をそろえ・・・

横もそろえる

電太：バッチリだと思います．

課長：よし，ちょっと見てみるね・・・．ここもオッケー・・・おおっと，ちゃんと横の並びもそろえているわね．

電太：この前，久保田さんにしかられましたから，きちんとやっていますよ．

課長：コンセントとテレビの横やスイッチとコンセントの縦の並びがそろっていないとみっともないからね．建築から指摘されたら全部見て回らなければならなくなるのよ．

電太：このマンション，30世帯だから，仮に10箇所見るとしても，300箇所．一世帯に3分かけても1時間半もかかる，大変な時間のロスになりますね・・・．久保田さんにしかられるわけです．

中川：掃除も終わって完了です．

課長：バッチリ決まったようね．最初の部屋をきちんと決めると，あとはそれの繰り返しだからね．偶数番号の部屋は鏡（左右対称の形）になるけれど，違う場所もあるから，図面をよく注意して．この調子でいけばうまくいきそうね！

㉓のポイント

① 配線する際は絶縁が悪くなる可能性のある施工を避ける
② 配線が終わったあとには必ず確認をしよう！
③ 配線器具の並びは必ずそろえよう！

83

24 共用照明器具はまっすぐに

課長：外壁が仕上がってきたから，いよいよ共用部の廊下の照明と階段の照明を取り付けないとね．

中川：足場も解体されましたし，照明器具も昨日入ってきましたからいよいよですね．

課長：あの廊下のスラブ配管のときの墨出しを覚えている？

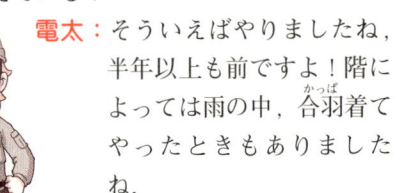

電太：そういえばやりましたね，半年以上も前ですよ！階によっては雨の中，合羽着てやったときもありましたね．

課長：大変だったわねえ．あの時，八角コンクリートボックスの墨出し，うるさく言ったの覚えてる？

中川：覚えていますよ，後でやり直しができないからって言われていましたよね．

課長：そう，コンクリートに直接取り付けるものの墨出しは神経を使うのよね．でも直接コンクリートに取り付けるということ以外にも共用部の照明の取り付けは神経を使う理由があるのよ．

電太：と言いますと？

課長：共用部の廊下に取り付ける照明も，階段に取り付ける照明も，あそこの道路から全部見えるでしょ．

中川：そういえば全部いっぺんに見えますね．

課長：たとえば廊下の照明が1階，2階，3階，4階とがたがたにずれていたら・・・

電太：いっぺんで，へたくそって，わかっちゃいますね．

中川：わかるだけじゃなくて，それを調整するのが大変ですね．墨出しがしっかりしていないと調整しても調整しきれないかもしれない．

この器具

㉔共用照明器具はまっすぐに

半年前・・・

正確に！

へい・・・

課長：そういうこと．あとが大変になるのよ．ただし取り付けるときにも，器具にはそれぞれ少し遊びがあるので若干はずれるから微調整は必要ね．1センチずれていても下から見るとわかってしまうからね．人間の目って小さな部分も意外とわかるものよ．

電太：結構シビアなんですね．

課長：ということで，取りあえず，すべての廊下灯器具と階段灯器具の取り付けをお願いね．最後の調整には立ち会うわ．

中川，電太：了解！

二人でそれぞれの器具を運びながら，取り付けの段取りをする．

中川：じゃあ下の階，向かって右から順々に取り付けていこうか．全部，取り付け終わったら，課長が全体を見て微調整するということだから．

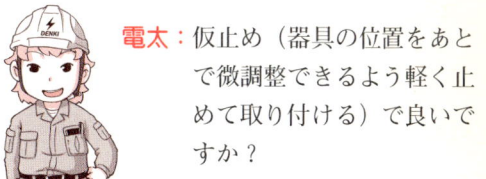

電太：仮止め（器具の位置をあとで微調整できるよう軽く止めて取り付ける）で良いですか？

中川：いや，墨出しでかなり神経を使ったから，本設置（器具の位置が決まってしっかりと固定する）で良いだろう．仮止めしてから，全部また固定すると二度手間だしね．もし，それでもズレがあれば，ズレのある器具だけを調整しようよ．だから，右になっても左になっても調整もしやすいようにボックスの位置からど真ん中になるように取り付けようか．

電太：了解，上下階のズレはこの場では確認できませんが，その階での器具間の左右のズレだけはしっかりと見ないといけませんね．

階段灯の器具の取付けを開始する．

85

完成に向けての仕上げ工事

中川：よし，全部終わったね．課長を呼んでくるよ．その間に全体の位置を見て，上下間のズレがないかどうか，ちょっと下から見て確認しておいて．

電太：オッケー，任せてください！

課長が来る．

課長：全部取り付けが終わったようね．じゃあ全体の確認をしようかしら．

電太：一応，自分も来られるまでにざっと見たんですが，二階の3番目の器具と三階の6番目の器具がちょっと怪しい感じがして．

課長：ちゃんと見てくれたのね．じゃあそれも含めて全部確認してみるわね．（電太たちは器具の場所に行く）本当に二階の3番目の器具はやや右にずれているわね・・・もう少し左・・・オッケー．次は三階．やや右に・・・もうちょっと．オッケー．これで大丈夫ね．

電太たちが降りてくる．

中川：位置はバッチリ決まりましたね．

課長：そうね，そのために最初の墨出しって正確に出さないといけないのよ．この上下がきちんと決まると，あとはその階だけでの微調整で済むからね．それでは同じように階段灯もよろしく！

24 のポイント

① コンクリートに，直（じか）に器具を取り付ける場合は墨出しに注意．
② 共用部の照明器具などは上下間もそろえる．

25 スイッチボックスの穴を きれいに開けよう

課長：さあ，ボード屋さんが終わったと思ったら，すぐにクロス屋さんが入ってくるからね．その間に，すぐにスイッチボックスの穴あけをしておかないとね．クロス屋さんが下地処理を始める前に穴あけだけは終えておかないと．

中川：配線，スイッチボックス取付けをしたところですね．下に墨出ししてあるので，そこを目印に穴をあけていけばいいですね．

課長：そうね．一応，スイッチボックスについているアルミ箔（はく）に反応するボックス探知器を，念のために持っていってよ．

電太：そういえば，以前も穴あけする場所を間違えて大変な目にあいましたからね．用心するには越したことありませんね．

中川と電太でスイッチボックスの切出し作業を開始する．

中川：電太！そのスイッチボックスの穴でか過ぎるんじゃないか？

電太：え！そういえばずいぶん横に広がっている・・・

中川：ちょっと廻し引き（鋸）を貸してみて・・・ほら，ボックスじゃない所まで切っている．

電太：あれ・・・なんで・・・ボックスの位置に切っているつもりが・・・

中川：ちょっとあけてみよう（ボックスの形に切る）．やっぱりボードと一緒にボックスまで切っている．相手はプラスチックだから急いで無理に切ると，電線やボックスまで切っちゃうよ．幸い電線は傷がなかったね．

電太：すいません．・・・でもよくわかりましたね．

完成に向けての仕上げ工事

中川：いや，別に関心することはないよ．自分も久保田さんの現場で同じ失敗をして，なおかつ，電線までぶった切ったから，器具つけるのにぎりぎりの長さになって，超あせったよ．

電太：そうでしたか，またやっちゃったと思って．でもどういうふうにしたらいいんですかね．

中川：じゃあ，ボックスを切るときの順番についてちょっと見てみようか．

スイッチボックスの穴あけ

① スイッチボックスのセンター（墨や金属探知器で推測）に穴をあけ，ボックスの有無を確認

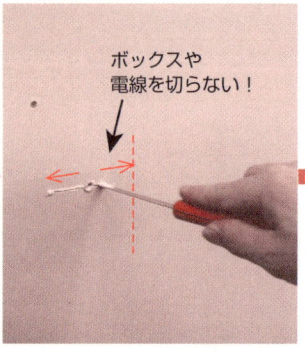

穴にドライバを入れるとスイッチボックスに当たるはず

② あけた穴から左右にボックスの内側に当たるまで廻し引き鋸で切る（切りすぎ注意！）

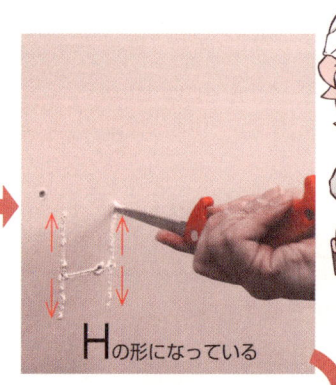

ボックスや電線を切らない！

③ 切った端部から上下にボックスの内側に当たるまで廻し引きでHの形に切る

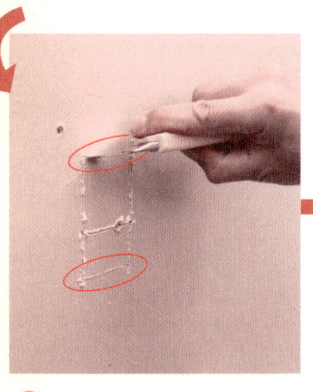

Hの形になっている

④ Hの形に切った上端と下端にカッターを入れる

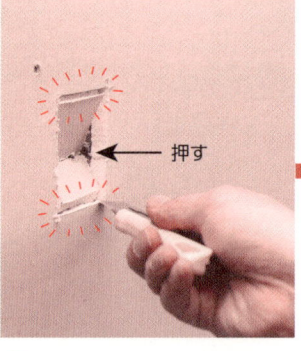

⑤ 真ん中を押すと，ボックスの形に穴があく．ボードの裏の紙をカッターで切る

押す

⑥ スイッチボックスの穴あき完了！
（他にもスイッチボックスや工具，現場によっていろいろなやり方があります）

課長：どう，うまくいってる？

電太：自分が切ったときにボックスまで切ってしまって・・・

㉕ スイッチボックスの穴をきれいに開けよう

出っ張りを削って、パテ埋めしやすくする

下地処理パテ

切りすぎた…

課長：ああ，やっちゃったのね．下地処理する前だったら，まあ何とかなるかな．オーバーして切った部分，目地埋めしやすいように削っておいて．

電太：どういうことですか？

課長：クロス張るときに切ったボードの紙が出て出っ張るでしょ．それで廻し引きで切った跡を少し削って壁フラットより低くするのよ．そうすればあとでクロス屋さんが，ボードのつなぎ目の凹みと同じように目地埋めをしてくれるからね．

中川：他の職人さんの作業もやりやすくするんですね．

課長：そうね，こちらのミスで迷惑をかけないようにしないと，あとでやりにくくなるでしょ．

電太：他の職人さんの作業もわかっていないといけないんですね．

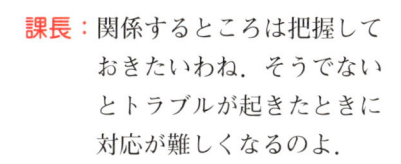

課長：関係するところは把握しておきたいわ．そうでないとトラブルが起きたときに対応が難しくなるのよ．

㉕のポイント

① スイッチボックスの穴を大きくあけすぎない．
② 穴あけに失敗した場合，パテ埋めしやすい処理をしておく．

26 ボードの粉が目にしみる・・・天井開口の注意点

電太：うわーっ！目に入った．

中川：どうした，どうした．

電太：・・・いやあ，フリーホールソーを下ろすときに，もろ目の中にボードの粉が入って・・・

課長：たまたま，来てみればトラブル中みたいね．電太，目が真っ赤じゃない．

電太：カバーが付いていたので安心してたら，粉が少し降ってきて・・・

課長：コンタクトはしてないわよね．

電太：裸眼です．

課長：取りあえず作業を中断して，近くの薬局で目薬でも買ってらっしゃい．それまで，中川さんと私はちょっとトラブルがあったので監督と打ち合わせするから．

電太：了解っす・・・

電太，戻ってくる．

中川：大丈夫だったかい？

電太：ええ，大丈夫っす．それにしてもボードの粉って目に入ると痛いですね．

課長：まあ大事にならなくてよかったわね，作業によっては眼球に傷が付くような作業もあるからね．せっかくカバーがあるから粉を落さないように作業しましょう．

電太：了解です．

㉕ボードの粉が目にしみる・・・天井開口の注意点

中川：じゃあ続きをやろうか．ダウンライトの開口，次の部屋へ行こうか．

電太：ちょっと待ってください，上に軽天（軽量鉄骨天井下地材）がありますけれど，ダウンライトが入らないんじゃないですか．

中川：そう言えば，あれは切ってしまってよいですか？

課長：とんでもない，あれは天井を躯体から吊り下げているCチャン（ネル＝野縁受）でしょ．天井は写真（次頁）のようになっているんだけれど，このCチャンは絶対切っちゃダメ．

中川：え，それじゃあどうするんですか．

課長：ちょっと貸してみなさい（脚立に登ってダウンライト開口部に手を突っ込み，Cチャンネルを押す）ほい，これで大丈夫．

電太：簡単に動くんですね．

課長：まあちょっとダウンライトの端にかかっていただけだから良かったのよ．Cチャンが押すと簡単に横にずれるのは，クリップで止めてあるだけだからね．他のところはたぶん大丈夫よ．墨出ししたときに，開口部付近に当たるところは前もって野縁を切ってもらってたから．

電太：この間の墨出ししながらの，軽天のテープ張りですね．

完成に向けての仕上げ工事

●天井下地の構造（軽量鉄骨，天井裏から見たもの）

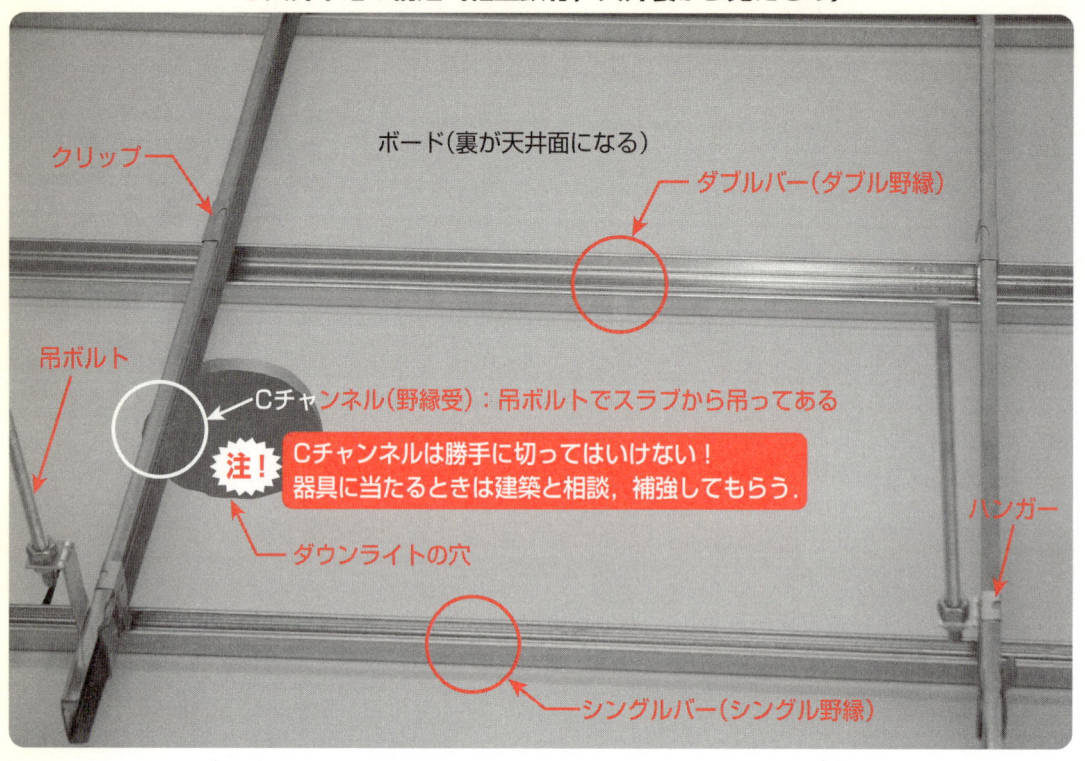

- クリップ
- ボード（裏が天井面になる）
- ダブルバー（ダブル野縁）
- 吊ボルト
- Cチャンネル（野縁受）：吊ボルトでスラブから吊ってある
- 注！ Cチャンネルは勝手に切ってはいけない！器具に当たるときは建築と相談，補強してもらう．
- ダウンライトの穴
- ハンガー
- シングルバー（シングル野縁）

課長：そう，あのときに軽天屋さんにダウンライトが軽天にぶつかるところを切断できるように指定して，Cチャンとぶつかる場所は，補強もしてもらったのよ．まあ，たまたまここは，微妙に引っかかったけれどね．

中川：天井の下地材って埋め込み器具に絡む場合があるんですね．

課長：そうね，それだけじゃなくて，例えばリニューアル工事など天井裏にもぐらなければならないこともあるからね．そういったときに天井に穴をあけたり，落ちたりしたらまずいでしょ．リニューアル工事でも天井裏の知識が要るのよ．電気工事をするときには，天井の構造は一通り理解しておいたほうがよいわよ．

26 のポイント

① ボードの粉は目に入らないように注意．
② 天井下地材と器具がぶつかった場合の対応を知ろう．
③ リニューアル工事のためにも天井構造は知っておこう．

27 やっと電工らしい作業？ 配線器具の取り付け

課長：さていよいよ配線器具の取付けだけれど，クロスも張られて，フローリングもきれいになっているから，絶対に傷をつけたり汚したりしないように注意して．腰道具はしない，ヘルメットもかぶらない，工具は布バケツに入れて床に落さないこと．きれいなウエスを持っていって，汚した場所は必ずふくこと．もちろん土足は厳禁，スリッパで行くのはもちろん，足の裏が汚れていないか確認もすること．作業する手もしっかり洗って乾かして汚れないように．

電太：確かに部屋はクロスやフローリングが張られて，もう汚したり傷つけたりしたら大変そうですね．

中川：さっきも監督が怒ってたよ．別の職人がクロスを傷つけたみたいで．注意しておかないとね．

電太：仕事する前は現場ってすごく汚いイメージがありましたけれど，作業ごとに定期的に掃除をしなければならない，仕上げ段階では汚したり傷つけたりしてはいけない，本当はきれい好きな仕事なんですね．

課長：あら，電太，良いこと言うわね．実際これからの仕事はいかにきれいに仕上げたものを保つかに神経を使わないといけないわけ．まだ外周りの工事も残っているけれど，そういったときに泥など持ち込まないように注意しないとね．

電太：了解です！いよいよ電気屋さんらしい仕事ができるわけですね．

課長：そうね，今までは一般の人には目に触れることがない仕事が多かったけれど，いよいよ人目につく仕事をメインで行う段階になったの

完成に向けての仕上げ工事

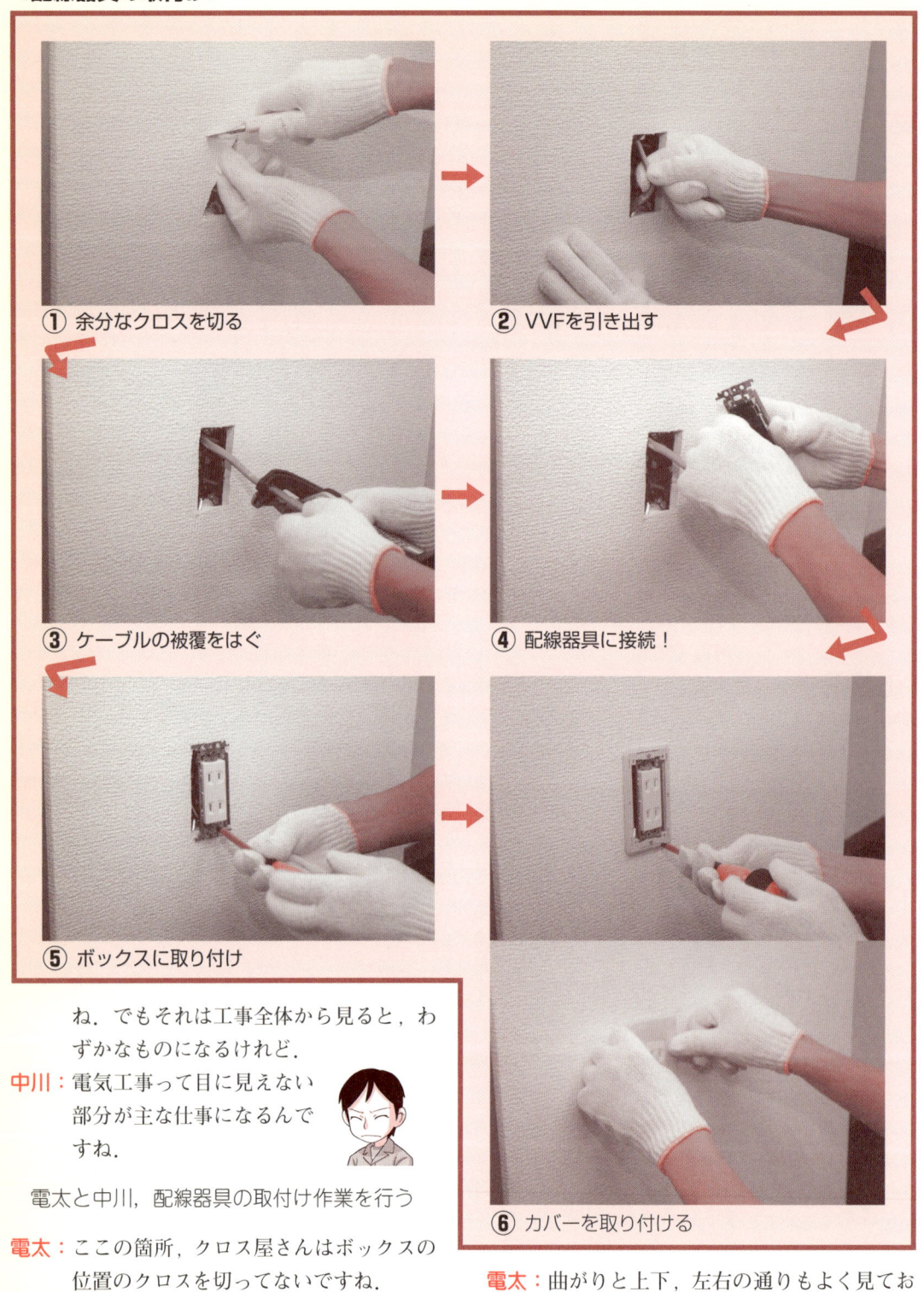

＜配線器具の取付け＞

① 余分なクロスを切る

② VVFを引き出す

③ ケーブルの被覆をはぐ

④ 配線器具に接続！

⑤ ボックスに取り付け

⑥ カバーを取り付ける

ね．でもそれは工事全体から見ると，わずかなものになるけれど．

中川：電気工事って目に見えない部分が主な仕事になるんですね．

電太と中川，配線器具の取付け作業を行う

電太：ここの箇所，クロス屋さんはボックスの位置のクロスを切ってないですね．

中川：まあ，位置的には・・・この辺じゃないかな．俺が取り付けようか．

電太：曲がりと上下，左右の通りもよく見ておかないと．

中川：そうだね，後でやり直しになると二度手

㉗ やっと電工らしい作業？配線器具の取り付け

長すぎる　傷つく恐れ・・・

間だからね．

電太：こちらは躯体だからコンクリート埋込みのアウトレットボックスですね．だいぶ深けている（壁と躯体から距離がある）から長ビスが必要ですね．

中川：長ビスも長すぎないようにしないとね．そうじゃないと電線を傷つけるから．ビスボックスに何種類か準備しているから，ぴったりのを選んでよ．・・・取り付ける前にボックスの中身見せてくれない．

電太：え！何でですか？

中川：アウトレットボックスの中にコンクリートのカスなどが入っていて汚れていると全部のアウトレットボックスを確認する必要があるから，取付け時に必ず確認しないといけない．

課長：調子はどう？

電太：いや今，アウトレットボックスの中が汚れてないか確認しているんですよ．オッケーですね．

課長：一度全部掃除機で吸ったからね．大丈夫だと思うけれど．でもきちんと確認してえらい！

電太：本当に見えない所まできれいにしていくんですね．

課長：そうね，このマンションを電太が買うとしたらどう？

電太：そうですね，やはり見えない所は汚しても平気っていう人に施工をしてほしくないですよね．そうか，品質を高めるために必要な作業なんですね！

㉗のポイント

① 仕上げ工事は建物を汚したり傷つけたりしないように細心の注意を！

② 長ビスが必要なときには電線を傷つけない長さで．

③ アウトレットボックス内など見えない所もきれいにしよう！

95

28 あわや天井崩壊！？ 電気器具取付け

電太：さてと照明器具を各戸に配りました．いよいよ取り付けですね．

中川：ダウンライト，シーリングライト，引掛シーリングなどいろいろあるねえ．じゃあ俺は左回りに付けていくから，電太はその逆で取り付けていってよ．あと換気扇のつなぎ込みも忘れないように．

電太：了解です！

二人とも別々に作業開始

（作業中・・・）

洗面所前ですれ違う．

電太：中川さん，浴室の換気乾燥暖房機ってより線と単線の接続ですよね．これって小のリングスリーブに特小で挟めばいいんですよね？

中川：あれ，品川さんから聞いていない？

電太：え，何かありましたっけ．

中川：浴室の換気乾燥暖房機は接続不良による火災事故が起こっているから注意するようにと言っていたじゃない．

電太：あれっ，そうでしたっけ．

中川：だから，ほら最近こういったスリーブができたじゃない．これは小で挟めばいいんだよ．「電気と工事」の2009年4月号にも紹介されていたよ．

電太：そうですか，なんか読んでいたような・・・忘れていました．

課長：あらら，どうしたの．

電太：いや，浴室の換気乾燥暖房機の接続にこういったスリーブがあるって知らなくて．

28 あわや天井崩壊!? 電気器具取付け

課長：ああ，それで中川さんに教えてもらったのね．最新の技術や製品，業界動向はきちんと押さえていたほうがいいわね．電気屋として，プロとして活躍するにはね．浴室の換気乾燥暖房機の接続は，手でねじるだけだったり，径の合わない被覆付き接続子で挟んであったりして，火災事故が実際に起きていて問題になったのよ．確実な接続のために新しいスリーブも開発されているから，使わないとね．一応スリーブのメーカーと同一の圧着ペンチでつないでね．

電太：あと，課長にご相談が・・・ちょっとやっちゃいまして・・・

課長：あら，また何かやらかしたの．

電太：和室の天井なんですけど・・・，引掛シーリング，最初目に沿って縦に取り付けたら，ビスが引っかからなくて．器具つけたら間違いなく落ちそうなんです．それで横にしたらうまくビスが止まったんですけれど，これって小さいから最初に開けたビス穴が見えちゃうんですよ．どうしたらよいでしょう・・・

課長：あらら，一番修正がしにくい所でやっちゃったわね．和室って最近はクロスを使う所も多いけれど，ここみたいに化粧合板を組んでいくものもあって，修正がしにくいのよ．何か問題があれば天井全部ばらさないといけない．いっそ大工さんに言って，天井全部ばらしてもらう？後で高い請求が来ると思うけれど，電太くん持ちで．

電太：え！そんなことしたら大変じゃないですか・・・（今月の給料が！）

課長：・・・くくくっ！ちょっと脅してみただけ．まあそれだけ慎重にやらなくちゃいけない場所なのよね．できれば最初に隠れる程度の位置で，ビスをもんで確認してみたら良かったわね．まあ，今さらだけど，取りあえずビス穴が隠れる大きさの丸型のシーリングにできるか，ちょっと監督と相談してみるわよ．

中川：電太，よかったな．どうなるかと思ったな．

電太：・・・今度からもう少し慎重にやります・・・

97

完成に向けての仕上げ工事

電気が点いたとき光が漏れてしまう

課長：まあ，何事も経験だから失敗は付き物だし，その後をきちんとフォローできるかどうかね．それが技能のレベルでもあるのよ．それと，ここのダウンライトを取り付けたのだれ？

中川：私ですが・・・何か問題でも．

課長：よーく見てご覧，天井面と器具の間．ほんの少し，わずかだけれど隙間があるのわかる？

中川：えっ！ああ，なんか隙間が少しかな，あるにはありますが，でもちょっと見てもわかりませんよ．

課長：甘いわね．ダウンライトはちょっとでも器具が浮いて，天井面にわずかの隙間があると光が漏れて目立つのよ．あれは完全に漏れるわね．

中川：・・・いや，そこまで知りませんでした．

課長：今まで取り付けた所もきちんと確認しておいてね，よろしく．

電太：何か，器具の取り付けってすごく簡単にできるかと思っていたら，いろいろな所に気を使わないといけないんですね．

課長：そうねえ，それで工事費をいただいているんだから，プロとして恥ずかしくない施工を最後まで気を抜かないで行って，しっかり納めないとね．仕上げはとにかく目立つ所だから，ちょっとしたミスや手抜きがユーザーの信頼を失うことになりかねないのよ．

28 のポイント

① 浴室換気乾燥暖房機の接続は事故が起きないようしっかりと行う．

② 和室の引掛シーリング取付けはビスをもむ位置を確認しておく．

③ 埋込照明器具の隙間に注意！

電気工事，腕の見せ所！

電気工事，腕の見せ所！

29 絶対見つける！トラブルシューティング（前編）

課長：今日は受電前の自主点検ということで，実際に各回路の絶縁抵抗を測っていくわよ．

電太：メガーですね．

中川：新築だから，基本は∞（無限大）になるはずですが，そうならなかったら大変ですね．

課長：そう，そうなったら君たちに原因を探してもらうからね．工事したんだから見つけられるでしょ．

電太：課長が以前，既設住宅の漏電箇所を見つけるのを見ていたら，ビックリするくらいすぐに見つけてましたよね．そこまでは自分は無理だと・・・

課長：まあ，こういったことは経験がものを言うわね．既設住宅と新築の場合はまた違うからね，それぞれの特徴があるから．既設住宅の場合は，水周りの機器が絡んだ漏電が多い．あと屋外の機器とかね．それに対して，新築の場合は，他業者との絡みによって漏電になるケースが多い．

電太：大工さんに釘を刺されたりとか・・・

中川：空調屋さんにアンカーを打たれたりとか・・・

課長：そうね，そうなる可能性は常に意識していないと．それでは二台，メガーがあるから，私は上の階から右に向けて進めていくから，あなたたちは下の階から左に測っていってね．

中川，電太：ラジャー！

二人とも計測を開始する．

㉙絶対見つける！トラブルシューティング（前編）

中川：電太，早速だけれど，この部屋のメガーが異様に悪いよ．いきなり0近くまで振れているもの．完全にどこか地絡してるね．

電太：あっちゃー，また言われたとおりになっちゃいましたね．

中川：取りあえずどの回路が悪いかを特定してから，計測作業を優先させよう．そしてすべて計測を終えたら，またこの場所に戻って問題場所を再度特定する．

電太：オッケーです．でもこんなのがこの先も続くのかな・・・．

中川：まあ，一発目だけではわからないけれど，・・・うーん，幸先は悪いね．

ちょうど中間地点で課長と会う．

課長：どうだった？

中川：いや，しょっぱなの一箇所が完全にダメです．それ以外は全部良好でしたが．

課長：私のほうは問題なかったわ．それじゃあ共用部の計測にあたっているから，そこの原因を特定してくれない．

電太：自分たちで見つけるんですよね？

課長：そうよ．

電太：もしも，万が一・・・見つからなかったら・・・

課長：受電できなくなっちゃうわね，というか施主に引き渡せなくなるわよ．

中川：電太，きっと大丈夫だよ．何か原因があるに決まっているよ．俺たちだったら見つけられるよ．

課長：中川さんはしっかりしてるわね．

中川：いや以前の仕事ではこういったトラブルは結構よくありましたからね．絶対見つからないと思っても，よく

絶縁・・・

悪いぞ！

101

電気工事，腕の見せ所！

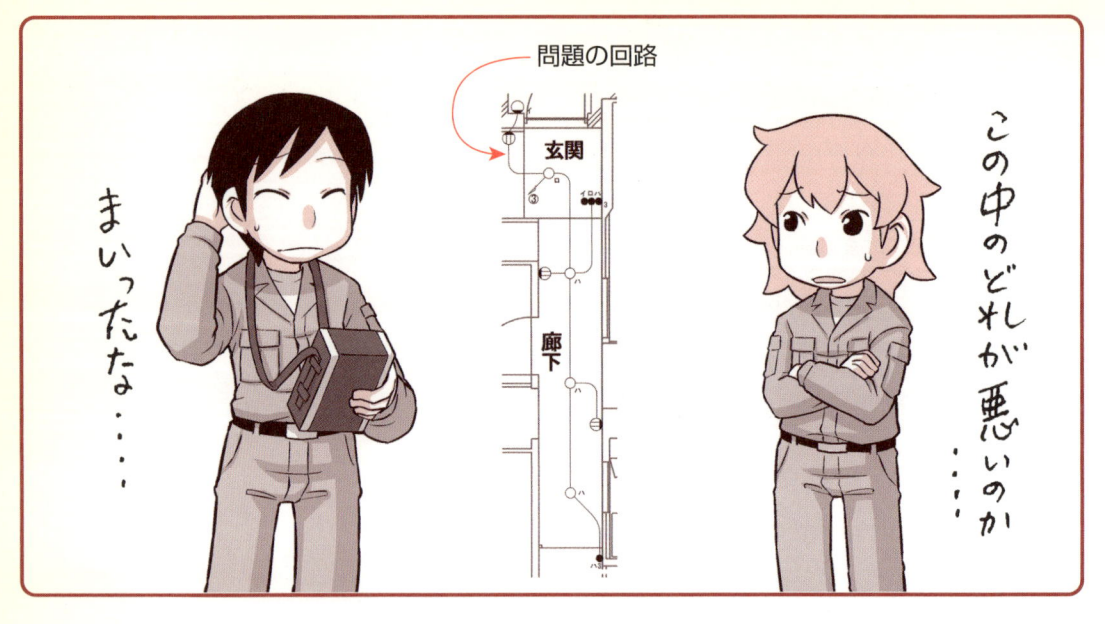

まいったな・・・・

問題の回路

玄関

廊下

この中のどれが悪いのか・・・・

調べれば絶対に見つかるもんですよ．

電太：さすが・・・（尊敬のまなざし）

問題の部屋に到着．

中川：3番の回路が悪いってことは，この廊下と玄関周りの配線だね．

電太：でもこの回路って，3路スイッチがあったりして結構複雑ですよね・・・．どこから手をつけてよいのやら．

中川：電太，前に品川さんや久保田さんが言っていたじゃない，複雑な場合は取りあえず半分に分けろって．

電太：えっ，半分に分けてどうするんですか．

中川：どっちかを測ってみるんだよ．そして，問題箇所の場所を半分にする．

電太：そうか！そうやって少しずつ問題箇所をあぶりだしていくんですね．

中川：これを「切り分け」って言うらしいよ．回路の問題が起きた時のトラブルシューティングの一つだね．

電太：じゃあ，次章で早速「切り分け」をしながら解決するんですね．

〜後編につづく〜

㉙のポイント

① トラブルが起きたときには，必ず解決できると落ち着いて対処する．

② 回路の不良は切り分けて少しずつ問題箇所を特定していく．

30 絶対見つける！トラブルシューティング（後編）

電太：さて，どの部分を切り分けますか．

中川：ざっくりと，ど真ん中からいくか．一番玄関側の廊下灯のダウンライトの近くにちょうどジョイントボックスを設けているから，そこをまず見てみよう．

電太：ハの器具ですね．でもダウンライトの近くにジョイントボックスを設けていてよかったですね．そうじゃなきゃ，天井をはがさなければならなくなったかも・・・．

中川：そうだね，そこら辺は課長の指示がしっかりしてたから大丈夫だよ．トラブルが起きたときを考えて，ジョイントボックスはできるだけ後から点検できる場所に設置しておこうって指示されたからね．

電太：早速，ダウンライトを外してジョイントボックスを開けてみますね．

ダウンライトを外し，ジョイントボックスを開ける．

電太：ダウンライトの穴が小さいから大変だったけど・・・．えーっと，どの線を切り分けたらよいですか．

中川：3番回路には玄関周りと廊下周りがあるからそこを分けようか．悪かったのが接地側電線だったから，器具に行っている電線か，コンセントに行っている電線である可能性が高いからね．だからイとロの器具から来ている電源とハに向かっている電源を切り分けて測ってみよう．狭い所だから間違えないようにね．

電太：一応，VVFの行き先は読めるので大丈夫です．

この電源部分を切り離して測定

電気工事，腕の見せ所！

イとロ側の電源とハ側の電源を切り離して別々に絶縁抵抗を測る．

中川：どうも，イとロ側だな．玄関周りの照明とコンセントが怪しい．

電太：ハの照明器具や廊下のコンセントではなさそうですね．

中川：よし，一つ一つあたってみよう．まず玄関のロの器具を調べてみよう．

ロの器具を外し，ボックス内の配線を計測する．

中川：ビンゴ！ロとハの間の電源送りの接地の配線が漏電しているんだよ！

電太：ちょっと覗いてみますね．うーん，止めていたVVFが外されているみたいですよ．変な所に挟まって，下からビスで打たれたみたいです．

中川：やっと見つかったね．ダウンライトとの間だから，引き直しができそうだね．

引き直しを行い，切り分け箇所を復旧する．

中川：さあ，もう一度分電盤で3番のブレーカの絶縁抵抗を測ってみよう．

電太：オッケーです．

課長がやってくる．

課長：どうだった？絶縁不良箇所は見つかった？

電太：いやあ，切り分けをしながらあたっていったら比較的すぐに見つかりました！

中川：復旧のほうもバッチリです．

課長：で，原因は何だったの？

中川：軽天屋さんだと思いますが，止めてあったVVFを外してしまったらしくて，天井でビスを打たれていました．

電太：もう銅線のど真ん中で，絶縁が悪いわけですよ．

課長：さすが見込んだだけあって解決できたじゃない．

電太：いやあ，中川さんが切り分けをしてくれたからです．

中川：電太も的確に配線を見つけてくれましたから．

課長：どう，少しは自信ついたでしょ．

電太：本当に最初は直すことができるか心配でしたけど，ちゃんと順を追ってやればできるんですね！

課長：そうね，現場ではいろんなトラブルが起こるから，対応できるようにしていないといけないのよね．こういったトラブルシュートをきちんとできるようになると一人前になっていくわね．

中川：こういったトラブルでは難しいものもあるんですか？

課長：新築では比較的修理しやすいけれど，後から増設が繰り返されたような既設の電気設備では，難しくなる場合が多いわね．そもそも図面がなくて，現場調査だけで判断しないといけないこともあるからね．でもそういった場合も，悪い所を少しずつ切り分けながら，特定していく方法が基本になるわね．

電太：じゃあ次は，既設の電気設備でトラブルを解決したいですね！

中川：それよりもまずは，この現場をしっかりとおさめないとね（笑）．

30 のポイント

① ジョイントボックスはトラブルシューティングがしやすい点検しやすい場所に．

② 回路の不良は切り分けて少しずつ問題箇所を特定していく．

電気工事，腕の見せ所！

31 曲げたり戻したり，金属管配管（前編）

主任：今日は金属管配管の工事をやってもらうから．大丈夫そうか？

電太：実際に配管するのは初めてです．

中川：試験では，すごく短い配管をしたことはあるのですが・・・

主任：そうか，やったことがないってのはちょっと大変だな．まだ時間があるから，ちょっと練習してみようか．

電太，中川：お願いします！

主任：まず，今日はねじなし電線管のE19とE25そしてE51を使って，配管工事をする．で，中川たちにはこのE19の配管をやってもらいたい．でだな，ここに古くて撤去したばかりの配管があるから，このまっすぐなものを使って練習しようか．まず，ここにピッタリくるくらいの長さで，配管を直角に曲げてみてごらん．

電太：直角ですか，このベンダでやるんですね．うーん，意外に力が要りますね．あ，あ，あ・・・力入れすぎたら配管がへこみました・・・．

主任：やっちゃったな．次は中川，やってみるか．

中川：以前，電気工事の本で読んだことがあるんですよね．ベンダは少しずつずらして曲げていかないとつぶれてしまうって．うーん，あれ？ピッタリとはいきませんね・・・．

主任：意外に難しいもんだろ．ちょっとやってみようか．

久保田主任が曲げる．

㉛ 曲げたり戻したり，金属管配管（前編）

電太：すごいピッタリです！ぜんぜんつぶれてもいないし．

中川：これを最初からやろうなんて無理ですよ．

主任：ははは，そういうと思ってだな，ちょっと便利な工具を使おうか，特別に．これは俗に一発ベンダとか一発なんていわれているロールベンダってやつで，90度までの曲げ角度は必要な半径を維持しながら，曲げられる．初心者にはちょうどいい工具だな．

電太：よーし，これを使って曲げてみます！（曲げてみる）あれ，なんかピッタリいかない・・・

中川：（曲げてみるが合わない）なかなか，簡単そうで難しいですね・・・

主任：どうしたらいいと思う．

電太：何かしるしを出して目印にして曲げるのかな？

主任：そうだな，最初はそうやったほうがいいだろう．ここにベニヤがあるから，この曲げた配管を使って，曲げの輪郭をこのチョークで描いてごらん．それに合わせて曲げてみようか．ここが曲げるときの中心になるだろ．だからここを意識するとピッタリいくぞ．

二人で曲げてみる．

中川：本当だ．さっきよりピッタリいきますね．

電太：自分もだいたいピッタリいきました！

主任：どうだ，しるしに合わせてみるとうまくいくだろ．金属管の配管工事は熟練が必要だからな．こういった工夫が必要になる．

中川：例えば，こういったような曲げすぎた場合は戻せるんですか？

電気工事，腕の見せ所！

主任：貸してみろ，こういうふうに逆にするんだ．そうして曲げると・・・．ほら少し戻せる．

電太：これなら曲がった配管もまっすぐにできますね！

主任：(苦笑しながら) いや，それは無理だと思うぞ．曲げた後は微調整くらいだよ．まっすぐにはできない．

中川：じゃあ，曲げるときに大きな失敗をすると，修正ができなくなることも・・・

主任：そう，だから最初から正確に曲げられるように心がけなきゃいけないな．

電太：でも，何度か練習してほぼ正確に曲げられるようになったので，いよいよ本番ですね！

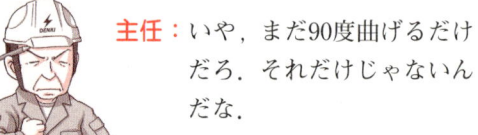

主任：いや，まだ90度曲げるだけだろ．それだけじゃないんだな．

電太：他にも曲げなきゃいけないんですか？

主任：スイッチボックスに入れるときに，接続部が若干上がっているんだ．そこで平行に配管を上げないといけない．S字曲げってのをするわけだが，これを次章でやってみようか．

31 のポイント

① 金属管配管の曲げは初心者はロールベンダを使うと便利！
② ベニヤなどに型を書いて合わせるとやりやすい
③ 曲げを戻すのは微調整しかできないので注意！

32 曲げたり戻したり，金属管配管（後編）

主任：今度はボックスに入る，わずかに壁から浮く部分をうまく曲げてみよう．Ｓ字曲げというんだが，ロールベンダでもできる簡単な方法があるからやってみよう．こうやって・・・（曲げる）・・・こうする・・・（位置をずらして反対に曲げる）．するとＳ字曲げができて，ほらボックスに入りながら壁にも配管がピッタリくっついているだろ．

電太：本当だ！ちょっとやってみます・・・曲げて・・・曲げると・・・あれ？ピッタリいかないな・・・

中川：これもベニヤか何かに型を書いてやるんですか？

主任：そういう方法もあるがここでは，もっと簡単にできる方法を教えようか．ロールベンダの曲げる箇所のぎりぎりに配管の口を持ってくる．そしてだいたい配管が浮くだけの高さまで曲げる（①）．今度は逆に曲げた部分のぎりぎりにベンダの曲げる部分を掛けて・・・地面に平行に曲げる（②）．その際，段差のある場所でやらないと曲げた場所が地面にぶつかってしまうから注意しないとな．こうすると，だいたいピッタリ入るようになる（③）．

電太：ちょっとやってみます．・・・こうやって高さの分を曲げて・・・地面に平行に戻すと・・・あ，本当にピッタリ入る！

中川：これなら，急ぎで配管しなければならないときにはすごく早くできますね．

主任：まあ，本当はロールベンダではなくベンダでやると，曲げの部分の位置が調節できるんだが，これならお前

電気工事，腕の見せ所！

らでもできるだろう．先回，直角に曲げた金属管を使って壁にピッタリするようにしてみようか．

電太：早速やってみます！

（電太がS字に曲げる）

電太：これなら壁にピッタリ・・・，あれ・・・逆になってる・・・

中川：これは壁にめり込む感じだよね．

主任：一番最初に曲げる場所が，浮かせたい方向と逆だから間違えやすいんだよ．慣れないと反対に曲げがちだから，注意しないとな．

中川：こちらも曲げてみたんですけれど・・・微妙にずれているような・・・

主任：直角の曲げとS字曲げの方向をそろえるようにしっかりと見てやるんだな．そうでないと，直角の行き先があさっての方向を向くぞ．まあ，まだ時間と配管の余りがあるから，ちゃんとできるまで練習してみようか．

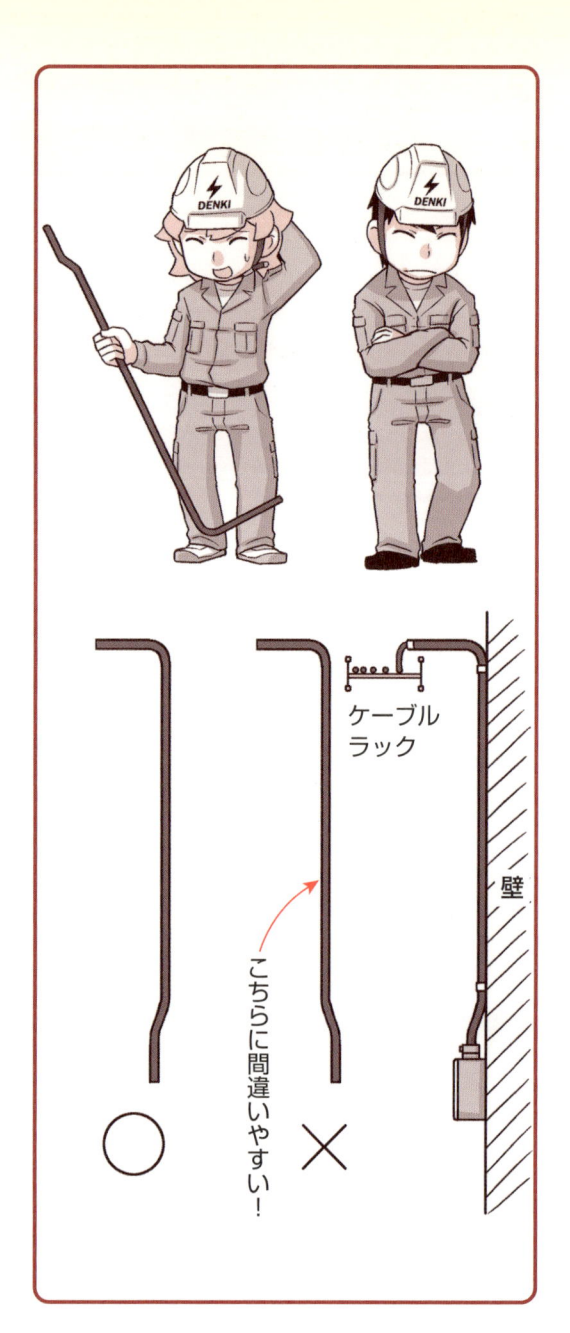

ケーブルラック

こちらに間違いやすい！

壁

○ ×

32 のポイント

① S字曲げもロールベンダで簡単にできる方法がある．

② S字曲げの方向には注意が必要！

③ S字曲げもまっすぐ見ながら行わないと曲がってしまう．

33 炎の魔術師？ 合成樹脂管（塩ビ管・VE管）配管

課長：さてと今日は受水槽周りの配管をやってもらおうかな。受水槽周りは水気が多いから、金属配管ではなくて塩ビ管（VE管）を使ってもらうからね。ちょっと曲げる場所もあるから、少し練習しようか。

電太：ガストーチがあるってことは、火であぶって曲げるんですか？

課長：正解！こんな硬い配管が炎で温めると簡単に曲げられるからね。面白いけど、火を使う仕事だから、周りに可燃物や爆発物が絶対にないようにして、バケツに水と濡れ雑巾と乾いたウエスを準備。換気が良い場所で作業することになるわね。

中川：ガストーチって危なくないですか？

課長：まあ、使い方によっては危ないわね。だから絶対に人や自分に向けないこと。地面がコンクリやアスファルトなどの問題のない場所のほうに炎を向ける。また、使用していないときには作業途中でなければすぐに火を消すこと。火をつけたまま持ち場を離れるなど絶対にしてはいけないわ。

中川：了解しました！・・・何か緊張したのでお手洗い行ってもよいですか？

課長：行ってらっしゃい・・・、中川さんはどうも火を使った作業が苦手みたいね。電太はどう？

電太：いや、昔から爆竹鳴らしたり、ロケット花火を飛ばしたり、火遊びは大好きでした。だから今回も楽しみです！

パイプの曲げに挑戦しよう！

電気工事，腕の見せ所！

課長：あとでおねしょをしてたんじゃないの・・・と言っていたら，中川さんが戻ってきたわね．

中川：お待たせしました，準備万端です．

課長：課長：それでは，始めましょう．まず曲げ半径を板に書こうか．16のパイプを曲げるには管の内径の6倍以上必要だから，18(内径)×6＋22(外径)／2で，だいたい120くらいの曲げ半径になる．そして曲げる範囲の長さは，曲げ半径の長さの1.57倍が基本だから120×1.57でだいたい190くらい．パイプの曲げ始めと曲げ終わりに印を出そうか（①）．

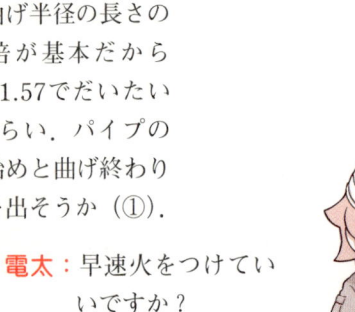

電太：早速火をつけていいですか？

課長：まあちょっと待ちなさい．お手本を見せながら，少しずつやるから．先ほど印を付けた範囲より若干広くジグザグに管を回しながら全体を温める．このときに注意が必要なのは，ガストーチの炎を直接管に当てない．管の表面をすばやくなでるようにして，焦げを作らないように注意して温めることね（②）．

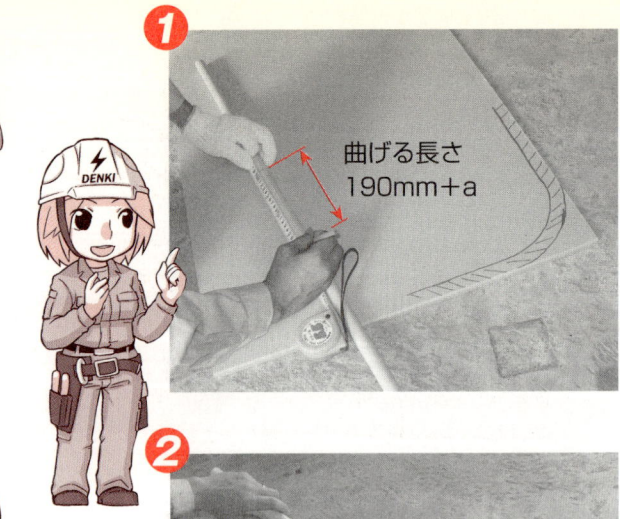

① 曲げる長さ 190mm＋a

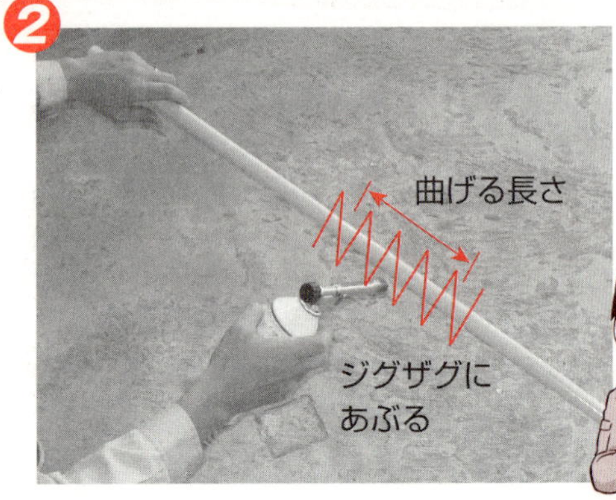

② 曲げる長さ　ジグザグにあぶる

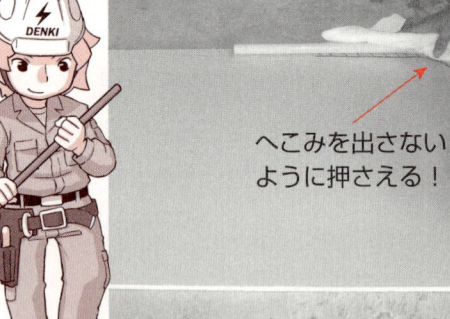

③ へこみを出さないように押さえる！

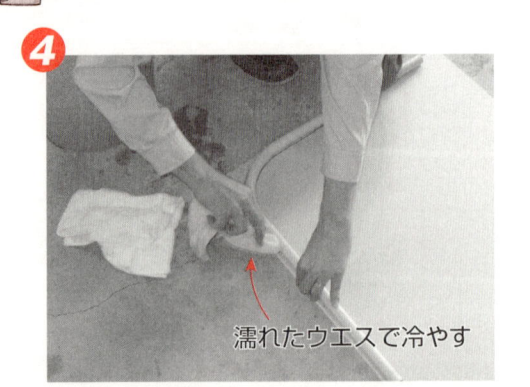

④ 濡れたウエスで冷やす

㉝ 炎の魔術師？合成樹脂管（塩ビ管・VE管）配管

中川：そろそろいいですか．だいぶ曲がってきたんですけれど・・・．

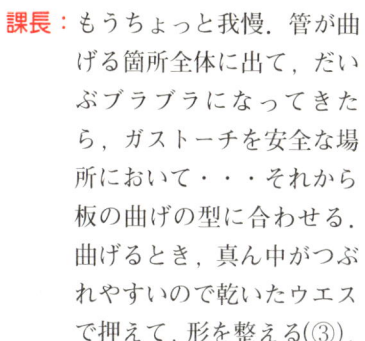

課長：もうちょっと我慢．管が曲げる箇所全体に出て，だいぶブラブラになってきたら，ガストーチを安全な場所において・・・それから板の曲げの型に合わせる．曲げるとき，真ん中がつぶれやすいので乾いたウエスで押えて，形を整える(③)．

電太：凹みが元に戻らないんですけれど・・・．

課長：それは全体が十分に温まっていないからね．もうちょっとあぶってみて．

中川：ちょっとあぶりすぎて焦がしてしまいました・・・．

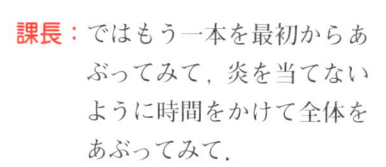

課長：ではもう一本を最初からあぶってみて，炎を当てないように時間をかけて全体をあぶってみて．

電太：何とか形に合いました，つぶれてもいません．

課長：よし，そうしたらその形にしっかり押さえて，水で濡れたウエスで冷やす．すると，きれいに直角になるわよ(④)．

中川：自分も何とか形になったみたいです！

課長：そしたら同じように冷やして・・・きれいに直角になったでしょ．ガストーチの火も止めて，安全な場所でトーチも十分に冷やすこと．

中川：思ったよりもきちんとできました．

電太：あぶるのは思ったより時間がかかるんですね．

課長：そうね．こういった技能もきちんと身につけておくと，いろいろな配管の応用が効くから．金属管の曲げと同じように，身に付けておきたいわね．

電太：でもガストーチだけで思い通りに曲げられるなんてすごいですよね．

中川：少し怖かったですが，こういった技能は学んでおきたいですね．

㉝のポイント

① 塩ビ管の曲げには火を使うので注意する．
② 焦がさないように直接炎を当てない．
③ 曲げるときにつぶれてしまうので，全体を均一に温めること．

コラム③

電気工事の競技大会を見てみよう！

電気工事には，その技能を競う，競技大会があります．工業高校生が参加する競技大会から，プロの参加する競技大会まで，さまざまな大会があり，電気工事の技能のレベルアップに貢献しています．

技能五輪国際大会
電工職種

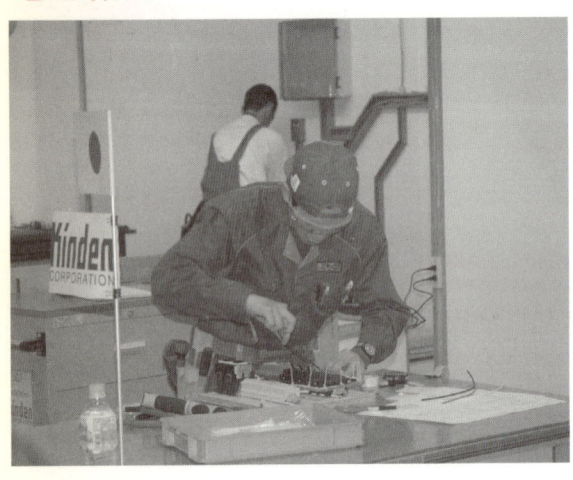

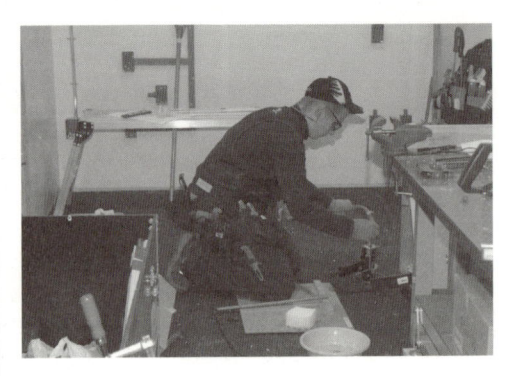

世界中の若い電気工事士が2年に一度，集まり，その技を競い合います．日本は，これまで多くの金メダルを取っています．

技能五輪全国大会
電工職種

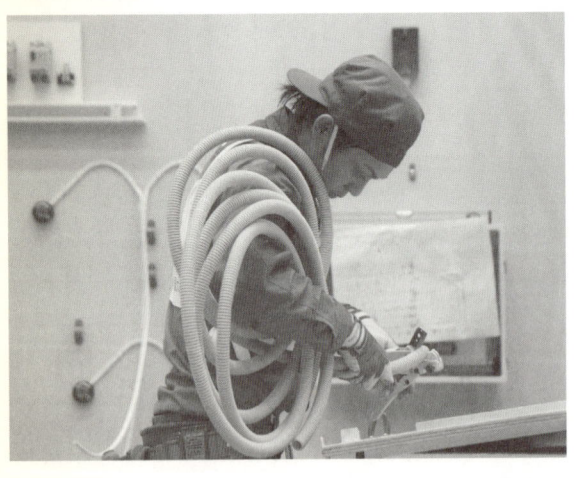

日本国内での技能五輪です．国際大会の出場選手の選考を行う場合もあります．毎年，開催県が変わりますから，近くに開催されるときにはぜひ見に行ってみましょう．

技術競技大会

電気工事のプロが各地域で技を競い合う競技大会（写真は関東地区のもの）．写真の大会では屋外で電柱に登り，電柱の電線の接続など，実践的な工事が見られます．

若年者ものづくり競技大会

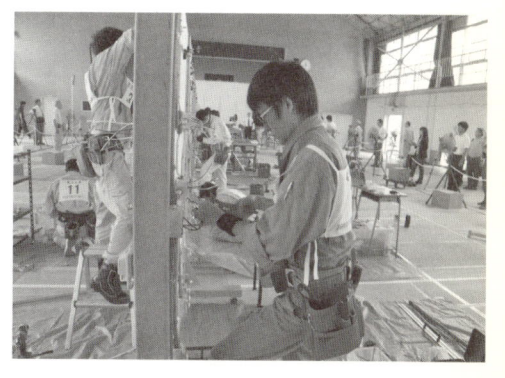

高校生や専門学校生が参加する「若年者ものづくり競技大会」や工業高校の高校生が競い合う「高校生ものづくりコンテスト」があります．もし電気工事の腕を磨きたいと思っているなら，そういった大会に出場するのも一つの手でしょう．

電気工事，腕の見せ所！

34 大地の抵抗，接地抵抗を測定しよう

課長：さて今日は，接地抵抗を測ってみようかしら．ここは広くて何もないグランドだから測りやすいわね．ところで測り方はわかるよね．

中川：計測する接地極から10m先とさらに10m先に補助極を打って，Eを接地極に，そこから10mの補助極にはPを，さらに10m先の補助極にはCをつなぐんですよね．

課長：そうね，図で書くと図1のようになる．まあ実際には，それぞれのリード線の長さが10mと20mになっているので，まっすぐ伸ばせばいいんだけれどね．それでは計測する前に計器のチェックをしてみようか．まず接地抵抗計の本体の機能チェック．これはリード線以外の電線でE，P，C全部を短絡して計測して値が0Ωになることを確認．

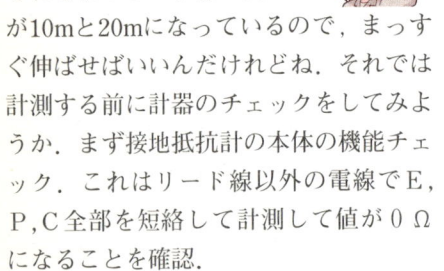

電太：0Ωです！

課長：次にリード線の確認．テスタでもできるんだけれど，接地抵抗計でやってしまいましょう．P，Cを短絡した状態でEに三本のリード線を接続．一本ずつPもしくはCに当てて三本とも0Ωならオッケー．

中川：全部0Ωを示しました．オッケーです．

課長：よし，それではまずCのリード線．この計器では赤いやつね，20mあるから，ここの接地極からまっすぐ延ばす．・・・おっと補助極とセットハンマーも忘れずにね．到着したらそこに補助極を打つ．

電太：（20m向こうに行く）・・・到着しました！補助極を打ちます！

課長：お願い！そうしたら，このリード線に沿って今度は中川さん，黄色い10mのリード線を延ばして，補助極を打ってくれる？

図1

116

㉞大地の抵抗，接地抵抗を測定しよう

セットハンマー
補助極

中川：了解です（遠ざかっていく）．・・・補助極を打ちました．ワニグリップでリード線につなぎます．

課長：電太もつないでいる？

電太：つないでまーす！

課長：そうしたら，電太も中川さんも戻ってきて，このD種接地の測定をやってみよう．

電太：・・・はーい！・・・戻ってきました（・・・ぜいぜい・・・）．

中川：・・・早い！電太君に抜かされました．

課長：電太は走ってきたみたいね．さすが若い！それじゃあ皆がそろったところで，測ってみましょう．まず接地端子につないで，レンジを接地抵抗測定にしたら・・・測定スイッチを押す．そうして抵抗ダイヤルのつまみを検流計の針が真ん中で止まる場所まで回す・・・

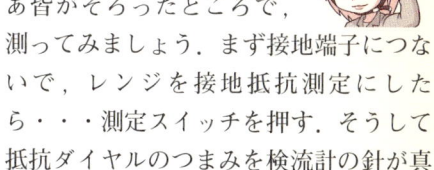

中川：・・・ちょうど，真ん中に来てますね．

課長：そうすると抵抗ダイヤルの値を読んでみて．

電太：70Ωですね．

課長：今日は晴れて乾燥した状態だけれど，ちゃんと100Ω以下になっているわね．

図2

接地網

117

電太：雨の日のほうがもっと良いんですか？

課長：雨で地面がぬれていると，抵抗値はより小さくなるわね．

中川：コンクリートやアスファルトで補助極を打つ場所がない場合はどうすればいいんですか．

課長：そういった場合，接地網を使うのよ．これをぬらして，コンクリートに乗せて，さらに補助接地棒を乗せて，そこにリード線をつなぐ（図2）．あとは同じように測る．ただしアスファルトは絶縁物なので，コンクリートの側溝など利用する．

電太：20mも場所が取れそうもない場合はどうするんですか？

課長：そうするとD種だったら簡易測定法があるわね．あらかじめわかっている低目の補助極を使って測定するというやり方なんだけれど，補助極には建物の鉄骨とか，水道の金属管とか受電用変圧器のB種接地などが使われるわね．測定するにはPとCを短絡して，補助極につないで計測し，補助極の抵抗値を計測の値から引いて求めるのね（図3）．

中川：接地抵抗を単に測るというだけの作業と思ってたんですけれど，けっこう大変ですね．

課長：あとかたづけもね（電太走り出す）．電太ーっ！リード線はきれいにまとめて持ってくるのよ．

電太：了解！

34のポイント

① 接地抵抗の補助極までの長さはリード線の長さで決める．

② 雨の日と晴れた日は値が違うので注意！

③ 状況や条件によって計測方法を選ぶこと．

35 漏らすな電気！絶縁抵抗測定

課長：今回は絶縁抵抗の測定だけれど，自主点検では一度やっているわよね．

電太：トラブルを自分たちで見つけたときですね！

課長：あのときは大活躍だったわね．ところでわかっているかとは思うけれど，再度質問．絶縁抵抗を測る"目的"ってわかる？

中川：アースと電路の絶縁抵抗を見るんですよね．電路が漏電（地絡）しないかどうかを調べるかと．

課長：そうね，一つにはそれがある．対地間の絶縁抵抗の測定は地絡するかどうかを調べるわけね．ほかにもある？

電太：線間の絶縁抵抗の測定です．

課長：そのとおり．それでは，線間の計測の場合は何がわかる？

中川：その電路が短絡するかどうかを見ます．

課長：そう．電気工事は必要な場所に必要な電気を送り，それ以外の場所には絶対に電気を漏らさないようにしないといけない．そのためには，確実な絶縁の施工と通電前の検査が必要なのね．ましてや，接地側と非接地側が電路の途中で電気的に接触してしまう短絡などは絶対にあってはならない．だからこそ，こういった計測が重要な理由ね．

電太：短絡すると，まずブレーカが落ちると思いますが・・・．

課長：でも落ちないと大変なことになるわよ．以前あった現場で，非常用電源でブレーカが古くて故障して，短絡した状態で電気が流れてしまって，ブレーカも落ちないからIVの中を，まるでネズミが走っているみたいになっちゃったのよね．急い

対地間の絶縁抵抗の測定

接地側
非接地側
地絡

電気工事，腕の見せ所！

線間の絶縁抵抗の測定

短絡

でキャップを外して，ブレーカを落としたわけ．もちろんIVは水ぶくれ状態のひどい状況で，全部交換．大事故にならなくてよかったわよ．こういったことは絶対起こしてはいけないわけ．当然だけれど，ブレーカが落ちるような工事してはいけないわね．

中川：ちゃんと測定して，そのようなことがないように未然に防止しなければならないわけですね．

課長：ということで，この分電盤の回路も測ってみましょう．まず，スイッチはすべ

て入れておく．まだ新築だからないだろうけれど，コンセントに電気機器が刺さっていないか一応確認．刺さっていたら，抜いておくこと．ICなど使っている製品だと思わぬ電圧がかかって故障してしまうこともあるから，高い製品だったら弁償するのも大変になるわよ．

中川：結構，絶縁抵抗の測定って危ないんですね．そんなに電圧高いんですか？

課長：普通，新築の低圧回路での測定だと500Vの電圧を流して計測するけれど，すでに250Vで計測することが多

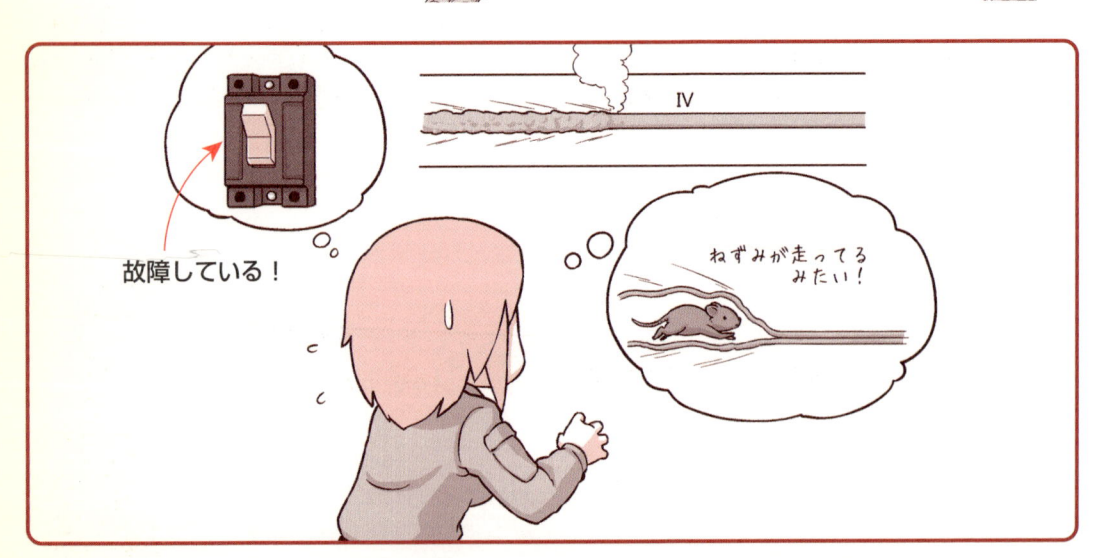

故障している！

IV

ねずみが走ってる みたい！

いわね．その状況によって適切な電圧で測定する必要があるわね．・・・そういうことで準備はいいかな．

電太：全部，コンセントとスイッチを確認しました．照明器具の球もまだ入っていません．

課長：では最初に線間の絶縁抵抗から測ろう．全部のブレーカを切って，回路を一つ一つあたってみようか．じゃあ①番のブレーカの接地側と非接地側を当たってみて．

中川：はい，無限大です．

課長：じゃあ②番以降も同じように計測して，全部屋を回ってくれる？

電太，中川で全部屋の計測を終える．

電太：全部，大丈夫でしたね！

課長：新築で注意深く施工していると，それほど絶縁抵抗が悪いことってないものよ．

中川：既設の電路はどうですか．

課長：やはり年数が経つと悪くなる傾向があるわね．特に水回りが悪くなる場合が多い．単相の100/200Vだと電気設備技術基準では0.1MΩ以上あればいいのだけれど，今後使用していくときに，それ以上悪くなることも考えて，絶縁の悪い場所を特定して，対処しておくとよいわね．

35 のポイント

① 計測を行うときは，やっている意味をきちんと認識しよう！
② 絶縁抵抗の測定では，電路に電圧に弱い器具がつながっていないか確認する．
③ 状況や条件によって計測方法を選ぶこと．

36 あかりちゃん登場！資格って何でいるの

課長：さっき紹介があった山本あかりさんね．初めての仕事だからみんなよく教えて．

山本あかり：よろしくお願いします！

電太・中川：よろしく！

課長：今度の第二種電気工事士の資格試験を受けるんだよね．

あかり：願書は提出したんですが，いろいろ不安で．

課長：大丈夫，大丈夫．ここに立派な先生がいるから．

中川：・・・（電太を見る）

電太：・・・．えっ！俺のことっすか？

課長：うん，しっかり教えてあげて，初めての後輩なんだからね．

あかり：よろしくお願いします．

電太：（頭をかきながら）いやぁ，こちらこそ・・・．

課長：山本さんは資格のことで何か聞きたいことない？

あかり：ええと・・・，そもそも何で資格がないと電気工事をしてはいけないんですか？

電太：・・・．

課長：ほら，先生．

電太：あ，はい・・・．ええと，たぶん・・・法律で決まっているから・・・．

㊱あかりちゃん登場！資格って何でいるの

山本部長：一年前にそういう話をしたね．覚えてないかな？

電太：あ，部長（いつの間に）．確か聞いてたような・・・．安全のためでしたっけ．

部長：思い出したかな．

電太：電気工事には漏電火災や感電事故，接続不良の過熱での事故などいろいろ危険があるので，国が認めた人しか工事ができない・・・．そのために資格がある．

部長：そのとおり，電気工事士法，第一条には「この法律は，電気工事の作業に従事する者の資格及び義務を定め，もつて電気工事の欠陥による災害の発生の防止に寄与することを目的とする」とある．災害の発生の防止が最大の目的になるんだね．

あかり：じゃあ国が認めていない人が工事をしたらどうなるんですか？

電太：・・・．

課長：じゃあ，今度は中川さん答えて．

中川：確か，懲役か・・・罰金とかが法律にあった気がします．

部長：電気工事士法では「三月以下の懲役又は三万円以下の罰金に処する」となってるね．

あかり：結構，厳しいんですね．ちゃんと資格を取得しなくちゃ．

課長：この二人はちゃんと資格を取って仕事をしてるんだからね．

電気工事士法

123

電気工事，腕の見せ所！

> **無資格工事**
> 三月以下の懲役
> 又は
> 三万円以下の罰金

電太：いや，一年前に山本部長に「資格だけじゃない」って言われたのを思い出します．今は，資格周りのことすらもすっかり抜けてた気がします．

課長：初心忘るべからず．新しい人が入ってくると再確認するいい機会だからね．

あかり：私も資格を取って，皆さんについていけるようになりたいです．

部長：それまでは，資格の要らない軽微な仕事になるね．頑張るんだよ．

あかり：はい！がんばります．おじさん・・・．あ，いけない部長でした．

電太：え！おじさん・・・部長ですか

部長：ああ，私の姪っ子だよ..仕事では皆と同じだけどね．

電太：どうりで部長と同じ「山本」だったわけですね（何かやらかしたら部長にみんなバレちゃうな・・・気をつけよう）．

36 のポイント

① 資格の持つ意味をよく知っておこう！
② 欠陥工事を防ぐためにも無資格工事は絶対に行ってはいけない．

コラム④

電気工事に関連する資格

　電気工事を行ううえで資格は非常に重要です．電気工事そのものも有資格者しか行ってはならないと法律に定められていますし，周辺の業務にも資格が求められることが多いからです．ここでは，電気工事関連の資格にどういったものがあるかを見てみましょう．

●第二種電気工事士

　電気工事士になりたいと思ったら，最初に取っておきたい資格です．電気工事を行う際に絶対に必要な国家資格です．

　試験は，筆記試験と技能試験の二つがあります．比較的取りやすい資格ですが，技能試験は慣れが必要です．

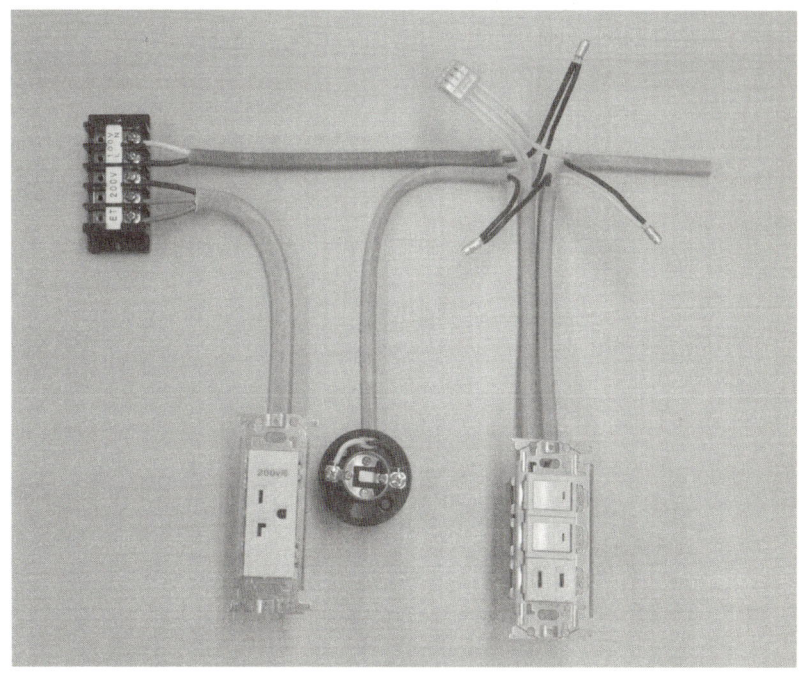

このような課題を作成するのが技能試験です．

●認定電気工事従事者

　第二種電気工事士を取得してすぐに受講すれば取れる資格です．高圧で電気を受電している電気設備の低圧部分（電線路以外）を工事できるようになります．

●特種電気工事資格者（ネオン工事，非常用予備装置工事資格者）

　特種電気工事の資格も"ネオン工事"と"非常用予備発電装置工事"の二つがあります．講習によって取得します．

●第一種電気工事士

　第二種電気工事士の上級資格で，高圧の電気設備などの電気工事が行えます．試験は，第二種電気工事士と同じく筆記試験と技能試験がありますが，さらに免許取得のための実務経験が必要になります．

●電気工事施工管理技士

　電気工事の監督をするための資格です．受験資格には，学校での指定学科の取得や資格の有無によって決められた実務経験が求められます．1級と2級の資格があります．
　試験は学科試験と実地試験の二つ，実際に仕事を経験してからの取得が多いです．

●電気主任技術者

　電気設備の工事や保安などの監督者として必要な資格です．4科目の筆記試験を受けます．かなり難易度が高いですが，社会的評価の高い資格と言えます．第一種〜第三種までの資格があります．

●工事担任者

　電話工事の資格です．工事を行う際，実地の監督を行います．AI第1種〜第3種，DD第1種〜第3種，AI・DD総合種と7つの区分があります．

●消防設備士

　電気工事では火災報知機の配線を行いますが，接続などの施工はできません．消防設備士甲種第4類などの資格を取得しておくと，そのような施工もできるようになります．

　学生時代に第二種電気工事士の資格を取っておくと仕事にも，またさらに上級の資格を取るのにも役立ちます．もし，学校で取得のため，教えてもらえるならチャンス！ぜひチャレンジしてみましょう．

- 本書の内容に関する質問は,オーム社雑誌部「(書名を明記)」係宛,書状またはFAX(03-3293-6889),E-mail(zasshi@ohmsha.co.jp)にてお願いします.お受けできる質問は本書で紹介した内容に限らせていただきます.なお,電話での質問にはお答えできませんので,あらかじめご了承ください.
- 万一,落丁・乱丁の場合は,送料当社負担でお取替えいたします.当社販売課宛お送りください.
- 本書の一部の複写複製を希望される場合は,本書扉裏を参照してください.

JCOPY <(社)出版者著作権管理機構 委託出版物>

現場がわかる！電気工事入門 —電太と学ぶ初歩の初歩—

平成23年11月18日　第1版第1刷発行
平成26年 8月 1日　第1版第6刷発行

編　　者　電気と工事編集部
発 行 者　村上和夫
発 行 所　株式会社 オーム社
　　　　　郵便番号　101-8460
　　　　　東京都千代田区神田錦町3-1
　　　　　電話 03(3233)0641(代表)
　　　　　URL　http://www.ohmsha.co.jp/

© 電気と工事編集部 2011

組版　アトリエ渋谷　　印刷・製本　日経印刷
ISBN 978-4-274-50364-1　Printed in Japan

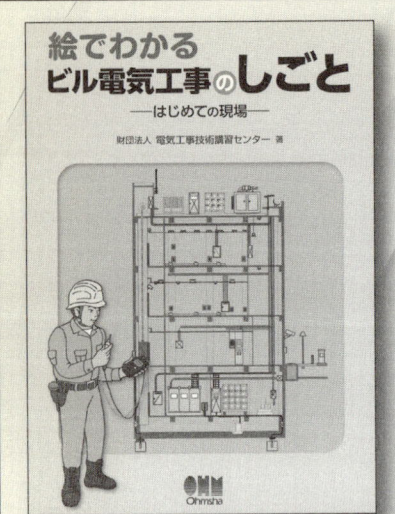

絵でわかる ビル電気工事のしごと
—はじめての現場—

財団法人 電気工事技術講習センター 著
B5判/192頁/定価：2 835円（税込） ISBN 978-4-274-20971-0

本書は、はじめて現場で実務に就く電気工事士や新入社員教育テキストに最適な入門書です。
建築工事と電気設備工事を見開きで工程ごとに解説を行っています。

主要目次
- 1章　ビル建築現場の「ようす」
- 2章　ビル建築現場における電気工事士の実務
- 3章　ビル建築現場における安全
- 4章　電気工事士が知っておきたい関連法規
- 5章　現場で使用する機器・材料・工具
- 6章　ビル建築に必要な専門工事業
- 7章　建築用途別電気設備の特徴

Ohmsha 〈http://www.ohmsha.co.jp/〉

現場技術者のための
図解 電気の基礎知識早わかり

好評発売中！

大浜 庄司 著／A5判／定価：2520円（税込）

初級技術者に、電気の基礎知識を図解で平易に解説した入門書！

本書は、電気の実務を初めて学習しようと志す人のために、基礎から実務に役立つ知識を絵ときで、やさしく解説した入門書です。1ページごとにテーマを設定し、学習の要点を明確にしています。また、実際の部品、機器、設備などを見たことがない人のために、臨場感のある立体図で示しています。

■主要目次

第1章　電気に関する基礎知識
電気には直流と交流がある／オームの法則は電流・電圧・電気抵抗の関係を表す／電気抵抗は電流の流れを妨げる／抵抗の直列・並列接続の合成抵抗を求める／電気がする仕事を電力という／電熱器はジュールの法則で熱を発生する／電磁リレーは右ねじの法則で回路を制御する／コンデンサは電圧を加えると電荷を蓄える／変圧器はファラデーの法則により電圧を変える／交流発電機はフレミングの右手の法則により発電する

第2章　制御回路に関する基礎知識
信号を入れると閉じるスイッチを用いた制御回路／信号を入れると開く・切り換わるスイッチを用いた制御回路／電磁リレーによるAND回路・OR回路／電磁リレーによるNAND回路・NOR回路／自己の接点で動作を保持する回路／相手動作を禁止するインタロック回路／タイマによる時間差のある回路／電動機の始動制御回路／電動機の正逆転制御回路／荷上げリフトの自動反転制御回路

第3章　電気設備に関する基礎知識
自家用受電設備の計画／自家用高圧受電設備の主回路結線／自家用高圧受電設備に用いられる機器／キュービクル式高圧受電設備／電動機設備／電気設備の定期点検／電気設備の測定・試験／ビル電気設備の省エネルギー／自家用電気設備の自主保安体制／保安規程の作成

Ohmsha 〈http://www.ohmsha.co.jp/〉